動物園と水族館の教育

SDGs・ポストコロナ社会における現在地

朝岡幸彦 [編]

学文社

［執筆者一覧］

**朝岡　幸彦	東京農工大学		［はしがき・序章・補論2］
日置　光久	希望が丘学園／元東京大学		［視点Ⅰ・第1章・あとがき］
荒井　雄大	盛岡市動物公園 ZOOMO		［第1章実践例］
飯沼　慶一	学習院大学		［視点Ⅰ・第2章］
山﨑　　啓	沖縄美ら海水族館		［第2章実践例］
河村　幸子	東京学芸大学（非常勤）		［第3章］
赤見　理恵	日本モンキーセンター		［第3章］
野村　　卓	北海道教育大学		［第4章］
笹川　孝一	法政大学（名誉教授）		［第5章］
佐々木美貴	日本国際湿地保全連合		［第5章］
中澤　朋代	松本大学		［補論1］
田開寛太郎	松本大学		［補論1］
*髙橋　宏之	千葉市動物公園		［視点Ⅱ］
冨澤　奏子	大牟田市動物園		［第6章］
島田　晴加	沖縄こどもの国		［第7章］
*大和　　淳	新潟市水族館マリンピア日本海		［視点Ⅲ］
天野　未知	東京動物園協会総務部教育普及センター		［第8章］
古川　　健	ふくしま海洋科学館		［第9章］
水谷　哲也	東京農工大学		［補論2］
渡辺　　元	東京農工大学（名誉教授）		［補論2］
大倉　　茂	東京農工大学		［補論2］
高田　浩二	海と博物館研究所		［終　章］

（執筆順，**は編者，*は編集担当者）

はしがき

　いずれ，動物園と水族館は，いま私たちが観ているものとはまったく違ったものになるかもしれません。

　動物園と水族館には，保護・研究・教育・余暇という4つの機能があることが知られています。「動物園・水族館廃止」論の理論的バックボーンとなっている動物倫理学の主張の中には，現在の動物園や水族館を「動物虐待施設」と断定するものもあるのです。確かに動物園も水族館も人類や国家の活動が地球全体に広がる歴史的な過程で生み出された社会的装置であり，ふだん目にすることのない珍獣・奇獣を生きたまま展示して，人びとを楽しませ，この世界のあり方を学ぶ時代は終焉を迎えようとしているのかもしれません。

　どうも私たちは現代の価値観や技術の水準に合わせた，まったく新しい動物園・水族館のあり方を模索しなければならないようです。すでに環境エンリッチメントなどの視点から，動物飼育環境の大幅な見直しが進められています。しかし，「動物の権利」論の立場はこうした飼育の改善自体が，動物を本来生息する環境から切り離して（狭い，人工的な空間で）飼育しなければならない必然性はすでに存在しないはずだと批判しているのです。

　本書は，科研費「SDGsのための子ども動物園・水族館教育（環境教育）のガイドラインに関する研究」（基盤研究（B）2019〜2022年度／代表者・朝岡幸彦）の研究成果をまとめたものです。動物園と水族館には「独自の教育的価値と新たな可能性がある」という視点から4年間にわたる共同研究の議論を踏まえた提起となっています。

　動物園・水族館の未来を，読者のみなさんと一緒に考えてみましょう。

朝岡　幸彦

■目　　次■

第2部　ポストコロナ社会における動物園・水族館教育

序章
ポストコロナ社会における SDGs と動物園・水族館教育

東京農工大学教授　朝 岡 幸 彦

第1節　「場」としての動物園・水族館

(1) 動物園と水族館はどれくらいあるのか

　日本には，いったいどれくらいの動物園と水族館があるのでしょうか。これは「動物園」「水族館」をどう定義するかによって違うものの，政府が一定の定義に基づいて定期的に調査していないために正確な数がわかりません。動物園・水族館の4つの機能（① 種の保存，② 教育・環境教育，③ 調査研究，④ レクリエーション）のうち②〜④の機能に注目すると，博物館法（1951年法律第285号）第2条（定義）にある「歴史，芸術，民俗，産業，自然科学等に関する資料を収集し，保管（育成を含む）し，展示して教育的配慮の下に一般公衆の利用に供し，その教養，調査研究，レクリエーション等に資するために必要な事業を行い，あわせてこれらの資料に関する調査研究をすることを目的とする機関のうち，地方公共団体，一般社団法人若しくは一般財団法人，宗教法人又は政令で定めるその他の法人が設置するもので次章の規定による登録を受けたものをいう」に含まれる博物館，つまり「社会教育施設」となります。この法律に基づいて3年ごとに実施されている社会教育調査（2018年度）では「動物園」59園，「水族館」43館，「動植物園」16園，「植物園」101園と公表されているものの，これはいわゆる「動物園」「水族館」と認識されている数よりもかなり少ないと見なければなりません。

　この他に，日本動物園水族館協会（JAZA）に正会員登録しているところが「動物園」90園，「水族館」50館（2022年8月16日現在）あり，ウィキペディア

表 0-1　動物園と水族館はどれくらいあるのか

	社会教育調査（2018 年）	日本動物園水族館協会（JAZA）正会員（2022 年 8 月 16 日）	ウィキペディアの「日本の動物園」「日本の水族館」に関連するカテゴリー（2022 年 11 月 10 日）	認定希少種保全動植物園（2022 年 10 月 25 日）
動物園	59	90	148	9
水族館	43	50	120	4
動植物園	16	―	―	―
植物園	101	―	―	1

の「日本の動物園」に関連するカテゴリーとして登場する「動物園」の 148 園[1]，「日本の水族館」に関連するカテゴリーとして登場する「水族館」の 120 館[2]が数のめやすとなります（2022 年 11 月 10 日参照）。また，「種の保存法施行規則（認定希少種保全動植物園等の公示の方法）」第 40 条に基づく「認定希少種保全動植物園」に 13 園が指定されています（2022 年 10 月 25 日現在）（**表 0-1**）。

　また，e-Gov（イーガブ「電子政府の総合窓口」）の「法令検索」で法令の文中に「動物園」「水族館」が含まれる数を検索する（2022 年 11 月 6 日時点）と，「動物園」31 件，「水族館」13 件の法令が表示されます。ただし，ここには「動物園」「水族館」という文言自体が登場しない博物館法は含まれておらず，「動物園」に関する法律として「絶滅のおそれのある野生動植物の種の保存に関する法律」や「動物の愛護及び管理に関する法律」「感染症の予防及び感染症の患者に対する医療に関する法律」「観光施設財団抵当法」「都市公園法」「関税定率法」が，「水族館」では「絶滅のおそれのある野生動植物の種の保存に関する法律」のみが該当します。

(2) 動物園と水族館はどこにあるのか

　本書が注目するのは，動物園と水族館がどこにあるのか，ということです。仮に，立地する自治体（住所）を「① 政令指定都市等（東京 23 区と政令指定都市）」

表 0-2　動物園と水族館はどこにあるのか

	日本動物園水族館協会（JAZA）正会員（2022 年 8 月 16 日）		ウィキペディアの「日本の動物園」「日本の水族館」に関連するカテゴリー（2022 年 11 月 10 日）	
	動物園	水族館	動物園	水族館
①政令指定都市等	23（26％）	16（32％）	26（18％）	29（24％）
②県庁所在地	13（14％）	4（8％）	16（11％）	8（7％）
③地方都市	45（50％）	25（50％）	83（55％）	64（53％）
④その他	9（10％）	5（10％）	23（16％）	19（16％）
合計	90	50	148	120

「②（都道府）県庁所在地」「③ 地方都市（それ以外の市）」「④ その他（町村）」に区分すると，日本動物園水族館協会（JAZA）に加盟している「動物園」は ① 23 園（26％），② 13 園（14％），③ 45 園（50％），④ 9 園（10％），「水族館」は ① 16 館（32％），② 4 館（8％），③ 25 館（50％），④ 5 館（10％）という分布になります。また，ウィキペディアのカテゴリーでは，「動物園」が ① 26 園（18％），② 16 園（11％），③ 83 園（55％），④ 23 園（16％），「水族館」が ① 29 館（24％），② 8 館（7％），③ 64 館（53％），④ 19 館（16％）であることから，比較的に地方都市に集まる傾向があることがわかります（表 0-2）。

　とはいえ，所在地の住所だけから動物園・水族館が立地している環境を明らかにすることが難しいことは確かです。ここで思い起こしてほしいことは，動物園と水族館の 10〜16％が町村部に位置しており，そしておそらく大きな市街地の中には立地していないであろうということです。また，全体の半数を占める県庁所在地等以外の地方都市でも比較的に郊外の里山や海辺に動物園や水族館が立地しやすいこと，大都市部であれば大規模な動物園や水族館ほどやはり郊外に動物園や水族館がつくられやすいと思われることです。

　日本動物園水族館協会（JAZA）に加盟している動物園（91 園）[3)]の面積・飼育動物種・飼育頭数を集計・分析した資料（2019 年 4 月 1 日現在）があります。その中で，「動物園の面積」に注目すると，1 万㎡未満：9 園（10％），1 万〜5 万㎡：25 園（28％），5 万〜10 万㎡：9 園（10％），10 万〜15 万㎡：13 園（14％），15 万㎡

以上（38％）であることがわかります。これに「飼育動物点数」が，1〜100頭：5園（5％），101〜500頭：32園（35％），501〜1,000頭：30園（33％），1,001〜1,500頭：11園（12％），1,500〜5,000頭：10園（11％），5,000頭以上：3園（3％）であることを考慮します。その結果として，動物園の52％が10万平米以上の面積をもち，59％が500頭以上（26％が1,000頭以上）の動物を飼育していることがわかります。こうしたことから，少なくとも日本の動物園の半数以上が郊外の里山等に立地しており，水族館も同様であろうことが予測されるのです。

(3) 動物園と水族館をとりまく環境に注目する

　本書は「SDGsのための子ども動物園・水族館教育（環境教育）のガイドラインに関する研究」（科学研究費補助金・基盤研究（B），2019〜2022年度）の研究の成果をまとめたものとして編まれています。この研究プロジェクトの目的は，SDGs（持続可能な開発目標）の実現のための子ども動物園・水族館教育（環境教育）のガイドラインを作成することです。学習指導要領では，「社会に開かれた教育課程」として体験活動を重視し，主体的・対話的で深い学び（Active Learning）の実現に向けたカリキュラム・マネジメントが求められています。これまでも学校動物飼育の教育効果が報告されてきましたが，飼育環境の問題や専門家による支援の不足などの課題も指摘されてなかなか普及しませんでした。こうした問題を解決する場として注目されるのが，「教育・環境教育」機能が最も意識される「子ども動物園・水族館」という空間です。しかし，動物福祉や感染症リスクを理由に，子どもと動物との触れ合いが失われつつあります。

　そこで，動物との触れ合いが比較的に許容される動物園・水族館のコミュニティ機能に注目したのです。地域社会に根ざした動物園・水族館教育（環境教育／理科・生活科及び総合的な学習の時間等）がSDGsの実現にどのような役割を果たしうるのかを明らかにするために取り組まれました。この研究プロジェクトを開始する前年から，「恩賜上野動物園子ども動物園ステップ」の「しのばずラボ」（毎月1回，学習院大学と東京農工大学の学生が企画する環境教育事業）で，子ども動物園に隣接する不忍池を環境教育のフィールドとして「子どもと動物との

ふれあい」や自然体験活動が実践されていました。一般的な動物園での教育とはやや異なり，動物園で飼育されている動物そのものというよりも，動物園が立地する里山や湿地環境に注目して，そこに生きる動植物と触れ合うことで「新たな動物園と水族館の教育」の可能性を導き出そうとしました。そして，それは「SDGs 実現の〈場〉として期待される動物園・水族館」の役割を明らかにし，SDGs の 4「質の高い教育をみんなに」を通して，14「海の豊かさを守ろう」，15「陸の豊かさを守ろう」などの生物多様性に直接にかかわる目標の実現に寄与するだけでなく，生物を通して 11「住み続けられるまちづくりを」および 13「気候変動に具体的な対策を」，17「パートナーシップで目標を達成しよう」などのコミュニティのあり方とも深くかかわる施設としての動物園と水族館のあり方を模索しようとするものでした。

第 2 節　コロナ禍のもとでの動物園・水族館の変容

(1) コロナ禍は動物園と水族館にどのような影響を与えたのか

　2019 年度は，世界にとって新たな災厄の始まりの年となりました。それは新型コロナウイルス感染症（COVID-19）のパンデミックであり，私たちがいまだに収束させることのできない困難な状況です。日本も，これまでに 8 回の感染拡大の波に襲われ 2,924 万人が感染して，5 万 7,560 人が亡くなっています（2022 年 12 月 31 日現在）。とりわけ，2020 年度の第 1 波から第 2 波にかけて，学校をはじめとした多くの公共施設が閉鎖され，飲食店等の営業自粛が求められる中で，動物園や水族館の多くも閉館や事業の中止を余儀なくされました。

　田開寛太郎・河村幸子・小山こまち「動物園・水族館—新型コロナによって見直される役割[4]」に，この頃の動物園や水族館の様子が詳しく分析されています。日本の動物園・水族館は 2020 年 2 月から基本的な活動の制約や運営に支障をきたすなど大きな影響を受け始め，緊急事態宣言が全国に拡大された 2020 年 4 月 16 日以降に日本動物園水族館協会（JAZA）に所属するすべての施設が一時的に休園・休館しました。

　その中で，水族館の休館開始時期に次の2つのピークがあることがわかっています。①2月25日から3月13日までJAZA会員では1.8%から48.0%に（非JAZAでは0%から22.9%に），②4月6日から4月30日までJAZA会員では53.8%から100%に（非JAZAでは31.3%から97.9%に）。これは，①全国的なスポーツ・イベントの2週間中止等の要請（2月26日）と学校一斉臨時休校の要請（2月28日要請／3月2日開始），②第1回目の緊急事態宣言の発令（7都道府県＝4月7日／全国4月16日）に対応したものと考えられます。その後，各地で緊急事態宣言が段階的に解除された時期から休館数は減少し始め，JAZA加盟水族館の休館数は7月4日にゼロになりました。

(2) コロナ禍のもとで動物園・水族館の教育はどうなされたか

　第2部では，コロナ禍における動物園と水族館の教育のための模索が現場の視点から詳しく述べられています。視点Ⅱ「ポストコロナ社会における動物園教育」（髙橋宏之）では，①対面での活動の困難さ，②職員のモチベーションの維持，③オンラインでの学び，にまとめられています。視点Ⅲ「ポストコロナ社会における水族館教育」（大和淳）は，①入館者がいない水族館，②ICT（情報通信技術），③地域密着，と分析されました。

　ここに共通することは，緊急事態宣言の発令時における行動制限ばかりでなく，ウィズ・コロナのもとでの「新しい生活様式」に合わせた動物園と水族館の開館・展示方法は，それまでの来場・来館を前提としたあり方を見直さざるをえなくなったということです。休園・休館や人数制限に伴なう来園者・来館者の減少は，同時に動物園・水族館の収入の減少と経営問題にもつながりました。さまざまな教育・研究施設の中で，生き物を展示するという動物園や水族館の特徴は，収入がなくても生き物の餌代や飼育環境の保持にかかるコストを削減できないという特別な状況を生み出すのです。それは，施設の状況にかかわらず飼育動物の健康を保持しなければならない飼育員等の職員のモチベーションの問題にもつながります。そうした中で模索されたのが，バックヤードをはじめとした通常は公開されていない飼育動物の様子をオンラインで発信すると

いう方法であり，コロナ禍で私たちがもっとも活用し始めた方法を動物園や水族館の教育に活用することでした。また，コロナ前にはインバウンドをはじめとした観光客に軸足を置いた展示や経営の視点を，改めて地域の学校や市民・子どもに置き直す契機ともなりました。

(3) コロナ禍後の動物園・水族館の教育はどう変わるのか

　コロナ禍で工夫された動物園と水族館の教育のあり方は，コロナ禍後の動物園や水族館のあり方にも影響を与え始めています。視点Ⅱ（髙橋宏之）は，① 対面での学びとオンラインでの学びとの併用，② 学校─動物園同士─地域社会との協働の再構築，③ 進化する動物園環境教育（コミュニケーション，支え合い），と指摘しました。視点Ⅲ（大和淳）は，① 経験による学びをどう作っていくか，② 全ての人へ水族館教育を届けたい，③ 改めて地域に根ざした水族館へ，と述べています。

　コロナ禍で入場・入館を制限されることで従来の動物と来場者，来場者とスタッフ（飼育員等）との対面を前提とした展示・教育方法の見直しを迫られた動物園と水族館は，オンラインツールの活用という新しい方法を積極的に取り入れざるを得なくなりました。こうした試行錯誤は動物園や水族館に定着し，対面とオンラインを併用する複合的な教育方法を生み出しています。オンラインの活用は，空間の制約を超えて多様な背景やニーズをもった人々を瞬時に結びつけることができます。動物と視聴者だけでなく，動物の生態を介してスタッフ（飼育者）と視聴者，動物園・水族館のスタッフ同士，さらには動物園・水族館と野生動物の生態環境など，比較的容易に世界中の人々や地域を動物園・水族館につなぐことができるのです。これに，動物園・水族館への来場・来館という行動の前後に，動物と来園者・入館者との新しい結びつきを事前学習と事後学習という形で生み出すことが可能となります。これまでの空間や時間の制約のハードルを下げることで，動物園・水族館を核とした多様な協働の可能性を広げ，すべての人々に開かれた空間（教育の場）にする可能性があるともいえます。

第3節　動物園・水族館とSDGs

　新型コロナのパンデミックによって研究・調査方法に大きな軌道修正が求められたものの，第1部「環境教育の場としての動物園・水族館」として理科・生活科・総合的な学習の時間をはじめとした学校や地域との教育的なつながりに関する考察としてまとめることができました。視点Ⅰ「学校教育としての動物園・水族館教育」（日置光久・飯沼慶一）では，先行研究から「学校教育において動物園・水族館は多くの教科の学びができる場である」と指摘したうえで，まず動物園・水族館における環境教育の中心教科である理科（第1章）・生活科（第2章）・総合的な学習の時間（第3章）についての基本的な枠組みと実践事例を位置づけています。さらに，動物園と学校との連携教育のあり方（第4章）や動物園・水族館教育への法的要請（第5章），ツーリズムとの関係（補論1）の意味も指摘しました。こうした動物園と水族館の教育機能を「博物館」という枠組みから再評価したものが，終章「博物館としての動物園・水族館の課題と可能性」（高田浩二）です。

　コロナ禍という厄災は，それ以前のグローバリゼーションの世界が内包していた構造的矛盾を一気に表面化するとともに，その解決を迫る契機ともなりました。SDGs（持続可能な開発目標）の実現は，こうした解決を迫られている課題そのものであるといえます。はたしてポストコロナ社会における動物園と水族館はどのように変貌していくのか，そこに求められる教育にはどのような可能性があるのか，本書を通してともに考えていただければ幸いです。

注

1) https://ja.wikipedia.org/wiki/Category: 日本の動物園（2022年11月10日参照）.
2) https://ja.wikipedia.org/wiki/Category: 日本の水族館（2022年11月10日参照）.
3) 「全国91動物園の規模・動物種・飼育動物数（平成31年4月1日現在）」https://www.city.himeji.lg.jp/kanko/cmsfiles/contents/0000010/10634/7kibo.pdf（2022年11月10日参照）.
4) 水谷哲也・朝岡幸彦編著（2020）『学校一斉休校は正しかったのか？』筑波書房.

第 1 部

環境教育の場としての
動物園・水族館

学校教育としての動物園・水族館教育

日 置 光 久・飯 沼 慶 一

　SDGsが叫ばれ，学校においては環境教育やESD（持続可能な開発のための教育）が推進されるなか，学校における動物園・水族館教育はどのように行われてきたのでしょうか。

　斉藤千映美らの調査によると[1)]，動物園学習は，学校では低学年校外学習で行われることが多く，特別活動や生活科の一環として，「動物の観察」「グループ活動」「公共施設の活用」をねらいとして行われることが多く，国語の教科書に登場する動物の観察を目的にしている場合もあるということです。また，小玉敏也の調査によると[2)]，特別活動として行われることが一番多いですが，生活科・理科・総合的な学習の時間・国語科・社会科・図画工作科・道徳など多くの教科とのかかわりがあることが明らかになっています。

　このように学校教育において動物園・水族館は多くの教科や領域の学びができる場であると考えられます。最も多いとされる「特別活動」には，遠足や修学旅行が含まれており，そのねらいは，「自然の中での集団宿泊活動などの平素と異なる生活環境にあって，見聞を広め，自然や文化などに親しむとともに，よりよい人間関係を築くなどの集団生活の在り方や公衆道徳などについての体験を積むことができるようにすること」とされています。また，実施上の留意点には，「実施に当たっては，地域社会の社会教育施設等を積極的に活用するなど工夫し，十分に自然や文化などに触れられるよう配慮する」とあり，動物園・水族館という社会教育施設を利用することが推進されています。

　また，小学校教育で生き物愛護について大きくかかわる教科には道徳があります。道徳の4つの内容の一つの「主として生命や自然，崇高なものとの関わりに関すること」があり，「動植物に優しい心で接すること」「自然や動物を大切にすること」「自然環境を大切にすること」がねらいとされています。

　特別活動も道徳も，各教科等の学習で獲得した関心・意欲，知識や技能などを，総合的に生かすことが大切です。しかしながら，学校が行う動物園・水族館における教育活動において，児童生徒の具体的な活動につながる教科等としては，動物を

教育内容とする「理科」，生き物とのふれあい内容がある「生活科」，そして環境教育・ESD を総合的に行う「総合的な学習の時間」が中心となるでしょう。

　第 1 部，第 1～3 章では，動物園・水族館環境教育の中心教科である，理科・生活科・総合的な学習の時間について考察します。生活科は，実際に動物園・水族館に行くことの多い低学年の環境教育や ESD の中心教科です。動物と直接かかわる活動や，体験を通して動物とのかかわりに関心をもち，生命を大切にする心を育む場になります。また，中学年以上になると理科は「動物」を対象にする動物園・水族館教育には欠かせない教科です。動物園・水族館で生物と接し，「生命を尊重し，自然環境の保全に寄与する態度」を育成する場となります。そして総合的な学習の時間は，動物園・水族館で「探究的な見方・考え方」を働かせ，横断的・総合的な学習を行い，現代の動物たちさらには地球環境の課題などに取り組み，自己の生き方を考える時間になります。

　第 4 章では，動物園・水族館と学校との連携について考えます。動物園・水族館教育は，学校教員だけで行うものでなく，動物園・水族館といかに連携していくかが大切です。動物園・水族館では学校向けの多くのプログラムを用意していたり，出張授業も行ったりしています。さらに第 5 章では，動物園・水族館教育を法とのかかわりから考えます。動物園・水族館にかかわる「自然公園法系列」「地方自治法」「博物館法系列」からの法的要請を整理したうえで，「社会教育法」「教育基本法」からの視点を加え，学校教育を包含する生涯教育としての動物園・水族館教育への法的要請を考察します。そして補論 1 では，エコツーリズムを考えます。特別活動で学校外に修学旅行などで出ていく場合には，学校の活動においてもエコツーリズムの視点が必要であると考えます。

　以上のように，第 1 部では，学校の内と外の両面から学校における動物園・水族館教育の意義や内容について考察していきます。

注

1) 斉藤千映美・田中ちひろ・松本浩明（2014）「動物園における校外学習の実態と課題～仙台市八木山動物公園の事例から～」『宮城教育大学　環境教育研究紀要』第 16 巻，67-74.
2) 小玉敏也（2020）「動物園・水族館と学校との連携条件に係る基礎的考察」日本環境教育学会『環境教育』30（2），14-21.

第1章

水族館の歴史と海洋教育，理科教育

希望が丘学園統括顧問
（元東京大学特任教授）　日 置 光 久

　地球の表面の三分の二は海に覆われています。古来，海は大きく深く人間の前に圧倒的な存在として佇んできました。海はどこまでひろがっているのだろう。海の中は，どうなっているのだろう。海の中には多くの魚が生活していることはわかるが，時折浜辺に打ち上げられる得体のしれない物体は何なんだろう。海に対して抱く好奇心は，おそらく私たちのもつ根源的な欲求の一つだと思われます。

　ポンペイの遺跡から魚を飼うためと思われる石の水槽が発見され，アクアリオと呼ばれました。それがアクアリウムの語源となったといわれています。アクアリウムは "aqua"（水）＋ "rium"（場所）であり，「水族館」と訳されました。四方を海で囲まれた我が国では，海のシミュレーションとしての「水の場所」である水族館は親和性が高く，現在では世界有数の水族館大国となっています。アクアリウムは，もともとは私たちの海への好奇心に根差した，魚を飼い，鑑賞するという素朴な行動からスタートしましたが，今では生態系の概念や環境保全の理念などが導入され，単純な「水の場所」から「バランスドアクアリウム」として発展しています。そして，新しい教育や環境問題を考えていく際の先端的なプラットフォームとして変貌を遂げつつあります。本章では，このような意味や価値をもつ水族館を対象として，以下の3点から論及を進めていこうと考えています。

① 水族館の歴史と現在

　有史以前から，私たちは水族に大きな関心をもってきました。水族館の歴史を概観すると，その発展はその時代時代の要請や科学技術の発展と深く関係していることに気づきます。このようなことに鑑み，水族館の歴史を簡単に振り

返り，それは私たちの認識にどのような影響を及ぼしているのかについて考えます。

② 我が国における海洋教育の展開と水族館

我が国は四方を海で囲まれており，古来海と豊かな関係性を築いてきました。21世紀に入り「海洋基本法」が制定され，新たな海との関係性が模索されています。このような背景に鑑み，我が国における海洋教育と水族館の発展について考えます。

③ 理科カリキュラムにおける水族館の扱われ方

令和2年度から新しい学習指導要領に基づいた学校教育がスタートしています。自然を対象とした学習の教科である理科について，水族館がどのように扱われているかを調べ，その特徴について考えます。

第1節　水族館の歴史と現在

水族館をどのように定義すればよいかについては，いろいろな議論があると思われます。古代ローマ時代には，石造りの水槽や人工池（ため池）のようなものが存在し，そこで魚を養育し観察したといいます。このような時代は1000年以上続きます。近世になって，ガラス窓越しに魚を観察するという形態が登場しますが，これが「水族館」の一つの契機になると思われます。これは，それまで上からのぞき込んでいたものを，横から眺めるという観察形態の変化をもたらします。海面へ降り注ぐ太陽光は，水深が深くなるにつれて減衰し，濁りがあるとさらに弱くなります。また，水面の波立ちや反射光も，観察のノイズになります。しかし，横から眺めるということは，水面からの「深さ」という距離をキャンセルし，ダイレクトに海中の様子を見ることが可能になるのです。連続した全体としての海から一つの断面を切り出し，分析的にその場所の水中の様子を観察することができるのです。

このような形態での「水族館」の登場は，1853年のロンドン動物園内に造られたもの[1]が最初だといわれています。大航海時代以来の運搬の遠距離化，大型

化，さらに自動車の発明や舗装道路の拡大によって，世界中の珍しい動植物が
イギリスに集められました。これは，彼らのコレクション趣味を大いに満たし，
ロンドン動物園として結実したのです。ロンドン動物園は，科学的研究のため
に動物を収集しておくことを目的とした世界最初の動物園といわれています。こ
の動物園の一般公開に伴ってその付置施設として「水族館」がスタートしたの
です。[2]

　それは「フィッシュハウス」と呼ばれ，壁沿いに配置された大型水槽と，机
の上に置かれた小型水槽から構成されていました。それぞれの水槽はガラス窓
で覆われ，観客はあらゆる角度から至近距離で中の様子を観察することが可能
になったのです。これは現在では当たり前の水族館の風景ですが，ここには大
きな科学技術の発展を見ることができます。フィッシュハウスの水槽群には，平
滑性が良好で高い水圧に堪える強度を持った板ガラスが採用されていました。そ
れは産業革命によって生み出された成果だったのです。最初の「水族館」がイ
ギリスで誕生したというのも示唆的です。「水族館」は高強度のガラスと鉄（ガ
ラス窓の窓枠）という科学技術の発展によって成立した一大成果だということが
できます。

　19世紀は，科学技術の飛躍的な発展に伴ってSF（Science Fiction）という文
学のジャンルが成立した世紀でもありました。最初のSF作家といわれるジュー
ル・ヴェルヌが書いた『海底二万里』は，フィクションではありながらも，当
時の科学知識を活用したものであり，現実的で説得力があるものでした。[3]　読者
はネモ艦長とともに潜水艦ノーチラス号に乗り，世界の海を旅し，大きな窓の
向こう側に広がる海底の景色やそこを泳ぎ回る珍しい水中生物に心をときめか
せたのでした。それは，まさに海中の水族館ともいえるような光景です。フィッ
シュハウスでは陸上で海の断面を観察しましたが，ここでは海中で海の断面を
観察することになります。「水族館」というのは，「館」という名称はついてい
ますが，建築物のことを指すのではなく，普段見ることが不可能な海中の世界
を，さまざまな視点から観察することができるような「展示」の機能というよ
うに考えることもできそうです。産業革命のもう一つの成果である電気の普及

に伴って，空気注入装置，海水ろ過装置，人工照明等が次々導入されてゆき，水族館は巨大な「装置産業」になっていったのです。

第2節　海洋教育と水族館の変容

　我が国は四方を海で囲まれており，その管轄水域（内水含む領海＋排他的経済水域）は面積447万㎢であり，世界第6位の広さを誇っています。人々は，我が国独自の文化や芸術を生み出し，さらに歴史や民族・宗教など生活全般を通して海と深くかかわってきましたが，我が国で「水族館」と呼ばれるような施設の登場は明治時代まで待つことになります[4]。それは「観魚室（うをのぞき）」と呼ばれ，当時我が国で最初の動物園として開園した上野動物園の付属施設としてでした。以降の水族館の歴史については，鈴木克美と西源二郎が4つの期に分けて詳細に分析を行っています[5]。ここではそれを参考に，我が国の水族館の歴史を概観してみます。

① 第1期（主に明治時代）

　ロンドン動物園に併設された「フィッシュハウス」以降，ヨーロッパでは万国博覧会等に水族館が併設されることが流行しました。このような形態は，ヨーロッパに留学した人々によって，ろ過装置等の水処理設備等とともに我が国に持ち込まれました。民間の水族館の建築が始まりましたが，動物園付属や博覧会開催時の一付帯施設として建設された水族館が多くあることが，この期の特徴といえます。

② 第2期（主に第2次世界大戦勃発まで）

　大正を経て昭和の時代に入ると，全国に国立大学が整備されていきました。その多くに臨海実験所が設けられるようになりましたが，ここに併設される形で水族館が続々とつくられるようになっていきました。また，多くの民営館，公立館，博覧会付属館がつくられ，経営形態が多様化したのがこの期の特徴といえます。

③ 第3期 (主に戦後〜昭和63年)

　戦時中，水族館は衰退することになりますが，戦後になると飛躍的な復興を
はたすことになります。水族館の建設は，全国で一大ブームとなりました。地
方自治体が経営する公立水族館が激増するとともに，施設規模の大型化，設備
の近代化などが行われ，教育・研究の機能の充実が図られました。また，高度
経済成長に伴って，市民にとっては一つのレクリエーションの場としても，大
きな意味を持つものとなったのもこの期の特徴といえます。

④ 第4期 (主に平成〜現在)

　財政規模の大きい大都市を中心として，大規模水族館の建設が行われるよう
になり，現在に至っています。水槽は大型化するとともに大型の魚が自由に泳
ぎ回れるような回遊型の水槽も多く設置されるようになりました。強化ガラス
に代わってアクリルガラスも一般的になってきました。経営形態は指定管理者
制度の導入もあり，多様化・複雑化してきています。

　明治の時代は，殖産興業・富国強兵という掛け声のもと，西洋の新しい科学
技術の導入に力が注がれました。第1期，第2期の水族館は，まさにこのよう
な時代背景をもとに，西洋から輸入された「水族館」のハードとソフトを我が
国に合う形で受容し，発展させた時期ということができると思われます。多く
は動物園，博覧会の併設館，さらには国立大学臨海実験所の付属館としてス
タートした水族館は，国民に受容され，広がっていったのです。そして，戦後
の高度経済成長と相まって水族館は爆発的に増え，大型化，近代化していった
のが第3期，第4期といえましょう。

　このような水族館の発展と並行して，明治の時代には，商船，造船，水産，
海上保安，海洋気象などの分野において，新しい海の産業や生活安全の発展が
促進されました。それぞれの産業・学問は，国土交通省港湾局，海上保安庁，
気象庁などで扱われ，海洋人材育成，海洋開発，海事思想の普及を目的とした
教育制度が確立していきました。それらは各々独立して扱われていましたが，
2007年に制定された海洋基本法によってはじめて統一的に整理されることにな

りました[6]。そこには，「我が国の経済社会の健全な発展及び国民生活の安定向上を図るとともに，海洋と人類の共生に貢献すること」が目的としてうたわれています。その第28条において，「国民が海洋についての理解と関心を深めることができるよう，学校教育及び社会教育における海洋に関する教育の推進」がうたわれ，学校教育や社会教育における「海洋に関する教育」の推進が示されています。

　我が国初の「海洋教育」のナショナルセンターとして東京大学に設置された海洋アライアンス海洋教育促進研究センター（以下「センター」という）では，「海洋と人類の共生」を理念として，初等中等教育段階における海洋教育カリキュラムの開発を進めています[7]。また，そこでは「海に親しむ」「海を知る」「海を利用する」「海を守る」の4つの項目からカリキュラム構成が考えられており，海洋教育の学習の流れが学校教育における学習の流れとよく似ていることが示されています。このように学校教育と親和性を高めながら，全国で「海洋と人類の共生」を目指し，海洋教育が行われています。

● 第3節　理科教育と水族館
——「指導資料」にみる水族館における海の学び

　理科は自然を対象とした教科です。そこでは，物理や化学的な内容とともに，天体，気象，そして大地や海洋が学習内容となります。理科教育における水族館の扱われ方に関して，次の2つの側面から考えてみたいと思います。

　ひとつは，上述してきた「センター」における取り組みです。「センター」では，学校における海洋教育の推進のための指導資料を公表しておりますが，その第3巻（日置光久他編著，2022年）（以下「指導資料」）において水族館における海の学びの事例が紹介されています[8]。ここではその内容を概観し，理科に関する水族館プログラムについて考えてみたいと思います。

　2つは，理科授業における水族館の扱われ方に関するものです。学校における教育課程は，学習指導要領がその基準として示されています。今回改訂され

た学習指導要領の全面実施は令和2年度の小学校を皮切りに，中学校，高等学校で年次進行で進められていますが，そこでは，「水族館」に関する内容はほとんど示されていないことがわかります。学習指導要領は教育課程の基準であり，教科等の目標や大まかな教育内容が定められるにとどまり，具体的な内容は「主たる教材」として位置づけられている教科書によって示されています。そこで，ここでは教科書における水族館の扱われ方を調べ，考えてみたいと思います。

　「指導資料」では，水族館を中心とした社会教育施設における「海の学び」プログラムを紹介しています。ここでは，その中から葛西臨海水族園とふなばし三番瀬環境学習館を取り上げます。

(1) 葛西臨海水族園における取り組み

　葛西臨海水族園は，全国に存在する水族館のフラッグシップ的存在であり，多様な教育プログラムを開発・実践しています。「指導資料」に紹介されている実践事例①は，魚の形態が多様であること，その多様な形態がそれぞれの生息環境でのくらしに関連していることに気づくことをねらいとしたものです。授業では，マグロの紡錘形という形が外洋で暮らしていくのに適した形であること，ウツボの細長い形が岩礁地で暮らしていくのに適した形であること，カレイの平べったい形が砂地で暮らしていくのに適した形であることを実際の観察を中心としつつ，動画，イラストなどをメディア・ミックス的にからめて活用することにより，多面的な理解を深められるように工夫を行っています。生物を形態と機能を関係づけて学習することは理科教育の重要な視点です。通常陸上の動物が扱われることが多いのですが，海中の動物まで広げて扱うことにより，子どもたちの理解がより汎用的で深いものになることが期待されます。

　実践事例②は，水生生物と人がガラスによって隔てられているため，視覚以外の感覚で魅力を伝えることがむずかしいという水族館の展示の特徴に鑑み，視覚に頼らずに生物の体のつくりや生物間の連関について伝えようとする一つの試みといえます。単元名は「生態系とその保全」であり，食物連鎖と生物濃縮の理解をねらいとしています。授業では，マイワシとサバの外形の触察，胃の

内容物の触察，鰓耙（えらの一部でプランクトンをこしとる器官）の触察を通して全体的な形や器官の構造を学んだあと，口や歯の形状の触察を行い食性の違いや「食べる―食べられる」の関係について理解を深められるように工夫を行っています。運動や食性による形態の違いの観察において，触察を中心に据えることにより，生態系などにまでつながった形で実感を伴った理解を深めることが可能になると考えられます。

(2) ふなばし三番瀬環境学習館（以下「学習館」）での取り組み

　三番瀬は東京湾の最奥部に位置する貴重な干潟（含浅海域）です。三番瀬に立地している「学習館」では，この干潟を対象として学年段階，学校段階に応じた体験的な学習プログラムを提供しています。提供しているプログラムは，「学習館」を訪れた子どもたちを対象としたものと，学習館側から学校に出向いて授業（講座）を行うアウトリーチと2種類の形態があります。特筆すべきは，新型コロナウイルス感染症によって，どちらのプログラムもほとんど実践できなくなったことを契機に，新たな取り組みを工夫したことです。それは，Zoomで「学習館」と学校を結び，実際の干潟の様子を，子どもたちと時間と空間を共有しつつ観察するというものです。「学習館」ではコロナ禍初期の段階でこのようなプログラムを開発・実践しており，最近見られるようになった類似のプログラムの先導的役割を果たしたものと考えられます。

　具体的には，次のようなものです。小学校3年生の理科「昆虫を調べよう」の学習では，教室の子どもたちに自分の持っているカニのイメージを絵で表現してもらい，実際に干潟でカニを採集する様子の映像を共有しつつ，採集されたカニの形態や周囲の状況（巣穴の様子や移動摂食痕など）の観察を行います。そこでは，あらかじめ用意された写真や映像などではなく，予定調和ではない臨場感を持った学習が展開されることになります。子どもたちは教室にいながら，干潟への一種の「没入感」に浸りながら，事前のカニのイメージ絵と事後のカニのスケッチを比較することにより，カニ個体の情報を超えたより広く深い学びを構成していきます。

第4節　理科教科書にみる水族館の扱い

　「教科書」とは文部科学省の検定を経た学校用図書であり，学校において教科の主たる教材として使うことが定められているものです。そのため，教科書を調べることにより，水族館がどのように授業で扱われているかについて，ある程度知ることができると考えられます。今回，教科書の内容について，次の2つのレベルで調べ，表にまとめてみました。[9]

表1-1　教科書で扱われている水族館の件数

	小3	小4	小5	小6	中1	中2	中3
①	0	0	1	3	12	1	4
②	0	0	5	0	10	8	0

① 表題，本文に記載があるもの：表題や本文中に文字表現として記載されているもの。
② 図や脚注として示されているもの：図や写真としてのみ掲載されているもの，脚注の中で扱われているもの，本文外で扱われているもの。

　①のレベルにおいては，中学1年生で記述が多くみられますが，その内容を詳しく見てみると，「動物のからだのつくりとはたらき」の単元に集中していることがわかります。「からだのつくりとはたらき」という視点から，水族館の動物たちが学習内容として扱われていることが考えられます。それ以外では，自然災害（防災），水槽に加わる圧力（水圧）などの扱われ方が見られました。②のレベルにおいては，一つは「科学館，博物館に行ってみよう」「生物を見に行こう」といった施設見学・活用に関連した扱われ方が見られました。そこでは，個々の魚の説明よりも，施設の解説，展示の工夫，学習コーナーの活用などに関する文言が脚注などで示されています。もう一つは「自由研究」に関した扱われ方でした。そこでは，「テーマを決める」「計画を立てる」「準備をする」「調べたり，作ったりする」「まとめる」「発表する」のような研究の進め方が同時に示されており，生活の中の疑問や興味・関心を大切にして「研究」をすすめていくという文脈の中に水族館が位置づけられていることがわかります。

　水族館は，教科書において多様な位置づけで扱われていることがわかりまし

たが，その数は必ずしも多いものではありません。今回教科書における「水族館」の出現頻度とその扱われ方について調べましたが，多くの場合博物館や科学館とともに扱われています。そして，博物館や科学館の扱いは単独でも多いことがわかりました。博物館や科学館とともに，水族館の学校教育における意味や意義をもう一度考えていくことが必要であると考えられます。

　水族館について，その歴史を概観するとともに，我が国における受容を海洋教育と関係づけながら考察を行いました。また，現在の学校教育（理科教育）における水族館の扱われ方について考えてみました。子どもの「資質・能力」の育成を目指す学校教育において，長い歴史と豊かな内容，そして具体的な体験の場をもつ水族館がどのように貢献することができるのか，さらに考察を深めていきたいと思います。

注

1) 内田桂三・荒井一利・西田清徳（2014）『日本の水族館』東京大学出版会.
2) 溝井裕一（2018）『水族館の文化史』勉誠出版.
3) ジュール・ヴェルヌ著，荒川浩充訳『海底2万里』東京創元社.
4) 海洋政策研究財団（2009）『21世紀の海洋教育に関するグランドデザイン』.
5) 鈴木克美・西源二郎（2010）『新版　水族館学』東海大学出版会.
6) 日置光久（2018）「学校教育に位置づけた海洋教育のカリキュラム開発」日本学術会議『学術の動向』.
7) 東京大学（2020）『東京大学大学院教育学研究科附属海洋教育センターパンフレット』https://www.cole.p.u-tokyo.ac.jp/wp/wp-content/themes/cole/dist/downloads/pamphlet.pdf（2022年11月25日最終閲覧）.
8) 日置光久・他編著（2022）『海洋教育指導資料　海の学びガイドブック〈社会教育施設編〉』大日本図書.
9) 分析対象とした理科教科書は，「学校図書」「教育出版」「啓林館」「大日本図書」「東京書籍」の5社の文部科学省検定済教科書（小学校，中学校）であった。分析作業は，公益財団法人笹川平和財団海洋政策研究所の小熊幸子研究員を中心とするチームが行った。

動物園から発信する身近な自然観察への誘い
～盛岡市動物公園 ZOOMO の事例から～

盛岡市動物公園 ZOOMO 職員　荒 井 雄 大

　盛岡市動物公園 ZOOMO は盛岡市の市街地から車で 30 分ほどの立地にありながら，周囲を山に囲まれた里山の中にある動物公園です。37.2ha の敷地の中には森林，草地，沢などの多様な環境があり，多くの野生動植物を観察することができます。また，日本在来種の飼育展示や保全教育活動に力をいれており，身近な野生動物と人とのより良い関係に向けた取り組みを続けてきました。

　そして，開園以来大切にしていることのひとつが，動物園を通じて身近な自然や生き物と接する機会を提供することで，その魅力に気づき，大切に思う気持ちを育むとともに，地域の生物多様性保全のために行動できる人材を育てることです。そのために，園内の自然環境を活かして，植物や昆虫，両生爬虫類，哺乳類などさまざまな野生動植物をテーマにした自然体験プログラムや保全教育プログラムに取り組んできました。その一部をご紹介します。

　園内では一年を通じて四季折々の動植物を観察することができます。そこで，季節ごとに見られる植物を散策しながら解説するガイドや，植物を使ったリース，草木染などの工作，季節や生息環境ごとにテーマを定めた生き物のガイドなどを行ってきました。例えば，トンボ，セミ，クモ，秋の鳴く虫，アリとアリジゴクといった種を絞ったガイド，ザルを使って土壌生物や水生生物を採集して観察したり，草地や林など暮らす環境ごとに見られる昆虫のガイド，ゲンジボタルとヘイ

水生生物の観察

ケボタルを観察する夜のプログラムなどです。

　また，春から初夏にかけては林の中にある"カエル池"と呼ばれる池でヤマアカガエルやトウホクサンショウウオの卵塊，幼生の成長と変態の過程の観察会を行ったり，冬には冬芽や葉痕，雪の下のロゼットの観察，朽ち木の中で越冬する生き物の観察，雪で見つけやすくなる野生動物の足跡を探して植物や生き物の冬越しについて解説するガイドなどを行っています。

　動物園に来園する目的は，レクリエーションや学びのためなど来園者によってさまざまです。生き物や自然環境に興味がある方だけが来園するわけではないという点は大きな強みともいえます。

　ZOOMO では自然体験を目的に来園していない層に向けて，まずは楽しみながら身近な動植物に触れてもらうために，タンポポやシロツメクサの冠，ササ舟，ホオノキの葉で作るお面などの草花遊びの体験や，虫捕り網を貸し出して園内で自由に虫捕りをしてもらい，昆虫に詳しい職員が種類や採りたい昆虫の好む植物，採り方などを教える取り組みを行ってきました。

　近年では幼少期に草花遊びや虫捕りをした経験の少ない大人も多くなりました。また，子どもたちだけで虫捕りをさせることを安全上の理由

草花遊びをする来園者と職員

から敬遠する傾向もあります。そのような中で，ある程度管理をされて最低限の安全を確保された環境の中で身近な生き物に触れるという経験は好意的に受け入れられ，現在では虫捕り網を持って来園する方も増えて，動物園が動物を見るだけの場所ではないというイメージが定着しつつあります。

　昆虫や植物に関するプログラム以外にも，自然豊かな環境ならではの取り組みがもうひとつあります。それは園内の野生動物を題材にしたプログラムです。

　敷地の多くが森林に覆われていることから，ホンドギツネ，ホンドタヌキ，ニホンアナグマ，ホンドテン，トウホクノウサギ，ニホンカモシカ，ニホンリスなどの

哺乳類が棲息するだけでなく，フクロウが繁殖をしたり，オオタカやハチクマが上空を旋回しているなど，多くの野生動物を身近に感じることができます。それらの野生動物を題材に，林の中でニホンリスの食痕などのフィールドサインを探しながら食性や暮らしについてのお話をしたり，ホンドタヌキの「ためフン」から採取したフンを水で溶いて食性を調べてみたり，森林や草地などの異なる環境に暮らす数種類のノネズミを観察して，生息環境の違いによる形態や暮らしの違いについて解説するなどのさまざまなプログラムを通じて，野生動物の暮らしを知り，帰宅後の暮らしの中で身近な野生動物と人とのより良い関係について考え，行動してもらえるよう取り組んでいます。

　そして，これらの取り組みからさらに一歩進む形で10年ほど前に立ち上げたのが盛岡市動物公園ZOOMO昆虫採集クラブです。

　最も身近な野生生物である昆虫を通じて生物多様性への理解を深め，生き物と環境とのかかわりを学び，保全の意識を育むことで，自然に興味を持ってもらうだけではなく身近な自然を守るリーダー的人材を育成することを目的に立ち上げた会員制の活動で，年間約10回の例会を通じて園内での昆虫採集や標本作製を行っています。

　標本作製に対して可哀想といったネガティブなイメージを持たれる方もいるため，採集をして，観察をして，比較分類するという生物学の基礎にふれることの意義と持続可能性について丁寧に伝えながら，地域の自然史について理解を深めてもらうために，1年を通して複数回参加して学んでもらう会員制という形を取っています。

　各例会では毎回特定の昆虫や採集方法についてのレクチャーを行った後，園内に出て採集を行い，採集後は日時や気温，採集場所，採集した昆虫の名前などを採集ノートに記録します。

　園内での採集では，枝先や草地の表面を撫でるように網を振る「スウィーピング」や，樹上にいるハムシやゾウムシなどの仲間を幹を揺らしたり枝を棒で叩いたりして地面に敷いたシートの上に落として採集す

草地での昆虫採集

る「叩き落とし」，黒糖，酢，焼酎を混ぜて作った樹液のような香りのする糖蜜を使って，樹液に集まる甲虫やチョウの仲間を採集する「糖蜜トラップ」，地面に容器を埋めて腐肉を置き，オサムシやシデムシなどの森のお掃除をする昆虫を採集する「落とし穴トラップ」，光刺激に反応して移動する走光性を利用して採集

落とし穴トラップを設置する子どもたち

する「灯火トラップ」など，さまざまな昆虫の性質や特性に合わせた採集方法を体験してもらいます。

　採集後は個人のテーマに沿って採集した昆虫の一部を標本化し，採集日時や採集場所，昆虫名を記したラベルを添えて標本箱に整理していきます。これまでにのべ800種類以上の昆虫が同定され，地域の生物相を知る意味でも有意義な活動になっています。継続的に参加する会員も多く，「この季節だからあそこにあの虫を捕りに行こう」「今年はこの花が咲くのが遅いからあの虫もまだ出てきていないね」「今日はこの天気だからあのあたりにいるかもしれない」など，季節や気候，植物と生き物との関係性を理解するようになったり，新規会員がベテラン会員と採集をする中で採集方法や好む植物を覚えていくなど，参加者個人としての理解が深まるだけでなく会員間のコミュニケーションによる成長もみられるようになってきました。

　これまでにご紹介したどの取り組みも身近な自然や生き物を題材にしており，地元の方々からすれば特別なものというわけではありません。しかし，これだけ身近に豊かな環境が残る岩手県でも環境汚染や希少野生生物の減少，野生動物と人との軋轢など多くの課題を抱えています。今は当たり前のように身近に見られる野生動植物も近い将来見られなくなるかもしれません。

　人と生き物と自然環境の健全性は相互に密接にかかわり合っていて人の暮らしと無関係ではありません。動物園での自然体験を通じて身近な自然環境や野生動植物の魅力と大切さに気づき，理解を深めてもらえるような取り組みを続けていくことで，今後も地域の生物多様性保全や人と動物のよりよい関係に向けた架け橋としての動物園の役割を担っていきたいと考えています。

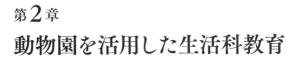

第2章
動物園を活用した生活科教育

第1節　生活科と気づき

(1) 生活科の目標内容と動物園教育

　小学校での動物園訪問は，ほとんどが低学年であり，遠足や生活科の一環として行われています。動物との触れ合いを目的とする場合もありますが，そこで働く人に焦点を当てたり，1，2年生合同での異年齢のかかわりを重視する場として活用される場合もあります。しかしながら，日本動物園水族館協会の報告書では，「小学校低学年対応の充実したプログラムのある園館は皆無に近い」と述べられていて，生活科を中心とした動物園プログラムは現在も少ないようです。

　生活科は環境教育やESDの視点からみると小学校低学年の中心的な教科です。1990年に設置された新しい教科で，1年生と2年生のみに設置され理科と社会を合わせた科目です，その設立の過程では「環境科」という名称も検討されていました。しかしながら，現場の教員には環境教育・ESDの教科だという認識は少ないのが現状です。そのため，低学年において動物園への来訪は環境教育・ESDではなく，遠足の一環や異年齢活動として行われていることが多いのです。

　一方で，小玉敏也の調査では，動物園・水族館が教育普及業務として学校と連携している教科は生活科・理科・国語が多く，園・館が学校に出校する業務としては生活科が最も多くなっていると述べています。

　さて，2017年の学習指導要領の改訂以降は，生活科の目標は，以下のようになっています。

　具体的な活動や体験を通して，身近な生活に関わる見方・考え方を生かし，自立し生活を豊かにしていくための資質・能力を次のとおり育成することを目指す。
- (1)　活動や体験の過程において，自分自身，身近な人々，社会及び自然の特徴やよさ，それらの関わり等に気付くとともに，生活上必要な習慣や技能を身に付けるようにする。
- (2)　身近な人々，社会及び自然を自分との関わりで捉え，自分自身や自分の生活について考え，表現することができるようにする。
- (3)　身近な人々，社会及び自然に自ら働きかけ，意欲や自信をもって学んだり生活を豊かにしたりしようとする態度を養う。

（小学校学習指導要領（平成 29 年），第 2 章，第 5 節生活，第 1 目標より）

　社会・自然・自分自身とのかかわりに気づいたり，自ら働きかけたりして，自分の生活について考え自立し生活を豊かにしていくことが目標ですが，ここで大切なのは，生活科では「知識・理解」を目標にしているのではなく「気づき」を重視している点です。ここが理科や他の教科と大きく違うところになります。

　このように生活科は具体的な体験を通して児童の自立や成長につなげていく教科ですが，生活科と動物園教育はどのようにかかわりがあるのでしょうか。

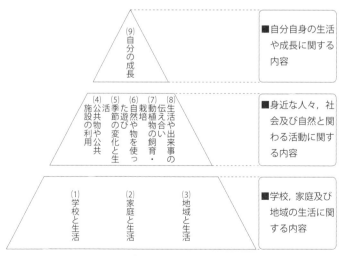

図 2-1　生活科の内容のまとまり

出典：文部科学省「小学校学習指導要領（平成 29 年告示）解説　生活編」p.26

　生活科には9つの内容 (図2-1) がありますが，その中で「(3) 地域と生活」「(4) 公共物や公共施設の利用」「(7) 動植物の飼育・栽培」「(8) 生活や出来事の伝え合い」の内容が動物園教育と深くかかわってくると考えられます。斉藤千映美らの仙台市八木山動物公園の調査でも，生活科学習で動物園を訪問した学校は，「公共物や公共施設の利用」「動植物の飼育・栽培」「生活や出来事の伝え合い」と関連した活動として来園していたということです。

(2) 具体的な活動や体験と気づき

　生活科では「具体的な活動や体験」を通した学習を行うことが前提です。「小学校学習指導要領 (平成29年告示) 解説　生活編」によると，「例えば，見る，聞く，触れる，作る，探す，育てる，遊ぶなどして対象に直接働きかける学習活動であり，また，そうした活動の楽しさやそこで気付いたことなどを言葉，絵，動作，劇化などの多様な方法によって表現する学習活動である」とされています (p.10)。さらに，「直接働きかけるということは，児童が身近な人々，社会及び自然に一方的に働きかけるのではなく，それらが児童に働き返してくるという，双方向性のある活動が行われることを意味する」とされ (p.10)，ただ見て終わり，触って終わりではないのです。

　生活科の学習で動物園を訪れた学校が，子ども動物園でモルモットなどの小動物とのふれあい活動を行うことが多いのは，児童がモルモットに直接働きかけることができ，モルモットが何らかの反応を示して働き返してくる双方向的な活動であることが理由であると考えられます。そしてこの活動で得た気づきを児童なりの方法で表現することも大切です。

　大型の展示動物は触るわけにはいかないので，見る・聞く・嗅ぐなどの感覚を使ってかかわることになるでしょう。ここでは児童がただ見るだけで終わることなく，諸感覚を意識させる工夫が必要です。

　さて生活科では「気づき」を大切にしています。「気づき」とは，学習指導要領では，「対象に対する一人一人の認識であり，児童の主体的な活動によって生まれるものである。そこには知的な側面だけではなく，情意的な側面も含まれ

る」とされています。情意的な側面というのは「かわいい」「強そうなど」など
の感情で感じることです。またここでいう「気づき」には，「社会や自然や他者
に対する気づき」と「自分自身に対する気づき」の2つがあると考えられます。

　生活科では，この気づきの質をいかに高めるかが重要になります。「見付け
る」「比べる」「たとえる」「試す」「見通す」「工夫する」などの多様な学習活動
を行うこと，そして活動を終え，ふり返った時に自分自身への気づきにつなが
ることが大切です。

　私の小学校教員時代の実践では，動物園にでかけ児童がいろいろな動物の歩
き方を「比べる」活動を行ったことがあります。子どもたちが名づけた，右前
脚左後ろ脚が同時に出る「ライオン型」，右前足と右後ろ脚が同時に出る「クマ
型」，両前足が同時に出る「ウサギ型」と比較をする視点があると，子どもたち
もよく動物を観察しその中で気づきがあったようでした。また，歩き方を体で
表現することで，二足歩行と四足歩行の違いにも気づいた児童がいました。

　いかに気づきの質を高めるための「視点」を投げかけることができるかが，ポ
イントであるのかもしれません。

第2節　動物園でセンス・オブ・ワンダーを育む

(1) センス・オブ・ワンダーとエコフォビア

　低年齢の子どもたちへの環境教育・ESDはどのように行うのでしょうか。現
在は，「低年齢期の子どもたちには十分な自然や環境の体験が大切である」とい
う考え方が1970年にルーカス（A. M. Lucus）が "Education in・about・for
Environment" [4] を示したことで基盤となりました。日本においても阿部治が，
「幼児期では自然（＝自然に対する教育）の中で感性を養うことと大人（親）の愛情
につつまれ，子どもどうしもまれて育つこと（＝人間に対する教育）が環境教育
の主たる活動であり，それが豊かな［感性］と人間愛や信頼感を育てることに
つながる」[5] と述べています。この考え方は長年環境教育の定番として認識され，
それに基づいて実践が行われてきました。

　また，レイチェル・カーソン（Rachel Carson）は，以下のように，幼少期に「センス・オブ・ワンダー」を豊かにすることの大切さを述べています。

　　子どもたちの世界は，いつも生き生きとして新鮮で美しく，驚きと感激にみちあふれています。残念なことに，わたしたちの多くは大人になる前に澄みきった洞察力や，美しいもの，畏敬すべきものへの直感力をにぶらせ，あるときはまったく失ってしまいます。
　　もしもわたしが，すべての子どもの成長を見守る善良な妖精に話しかける力をもっているとしたら，世界中の子どもに，生涯消えることのない〈センス・オブ・ワンダー＝神秘さや不思議さに目をみはる感性〉を授けてほしいとたのむでしょう。
　　この感性は，やがて大人になるとやってくる怠慢と幻滅，わたしたちが自然という力の源泉から遠ざかること，つまらない人工的なものに夢中になることなどに対する，かわらぬ解毒剤になるのです。[6]

　村上沙央里は「センス・オブ・ワンダー」は私たち自身とその社会へと関心を向ける感性であり，身近な社会への理解を深めると同時に，社会や世界へと関心を広げることができ，自分自身の人生の力とすることができると解釈しています。[7]自然や動物だけでなく社会や世界に広げて解釈すると，生活科の目標とも一致すると考えられます。

　また，デイヴィト・ソベル（David Sobel）は著書『足もとの自然から始めよう』（岸由二訳，日経BP，2009年）の中で，子どもたちに対する地球規模の環境問題を主題とした環境教育の問題点を指摘しています。

　ソベルは，環境教育の中で「エコフォビア」すなわち，子どもたちは環境問題という恐ろしい出来事をたくさん伝えられ，家の外にいるだけで恐怖を感じる自然恐怖症という病にかかっているかもしれないと述べ，「自然への内在的な愛（エコフィリア）」をもって子どもたちに内在する自然との絆を結ぼうとする生物学的な傾向を手助けすることを通してこの病を治すことができるのではないかと提案しています。このソベルの考え方を受け取ると，低年齢の環境教育は，まずは楽しい基礎体験をすることが大切であると考えられます。

　動物園は多くの動物との新しい出会いがある楽しい場です。まずはその楽しさを存分に味わうこと，つまり動物たちやそこにかかわる人たちと楽しくかか

わることが大切であると考えます。環境問題を考えることは大切ですが，少なくとも生活科では楽しい体験をさせてあげたいものです。その中でその子なりの気づきを持ち帰ることができたらよいのではないかと思います。

　生活科も設立の過程では，「体験を豊富にして学びの土壌を作る」という考え方と「体験からはじめて生きた学びにつなげていく」という考え方があったので，生活科の中では，楽しさで終わる場面があってもよいのではないかと思います。その中でも児童個々にはそれぞれの気づきがあるはずです。

第3節　動物とのかかわり

　生活科の内容には，動植物とかかわる体験活動である「動植物の飼育・栽培」があり，ここが最も動物園教育とかかわりがある内容であると考えられます。

　教材とされるのは，昆虫などの身近な生き物が中心ですが，それらとともに体温から「命」を感じる動物として，学校の飼育小屋にいるウサギやモルモット・ハムスターが1年生で扱われることが多くあります。しかしながら，学校飼育動物の管理の問題から，学校から飼育小屋が減っており，体温を感じる動物と接する機会が学校から減っているのが現状です。

　だからこそ動物園で動物たちに触れる意義があります。動物園での生活科の活動で最も人気がある活動は，ふれあい動物園であると聞きます。なかなか学校ではかかわることのできない動物たち（モルモットが多いと思いますが）の温かさから，生命を感じ取る重要な場となっていると考えられます。

　最近は移動動物園で学校に来てくれる園もあります。モルモットなどとかかわることで，動物が生命をもって生きていることに気づくだけでなく，動物と自分とのかかわり方に対する気づきや，優しく接することができた自分自身にも気づいてほしいと思います。

　生活科では，動物とのかかわりだけでなく，そこから個々の児童の自分自身への気づきまでつながることが大切です。特に小動物とのかかわりでは，自分自身が動物にやさしく触れることができたことや，命の温かさに触れた自分の

気持ちへの気づきが大切なのです。

第4節　地域の学習施設から地域学習へ

(1) 動物園は動物だけでない

　生活科の9つの内容の中で,「(3) 地域と生活」「(4) 公共物や公共施設の利用」も大きく動物園とかかわっています。動物園という公共施設を利用することで, 生活の場を家庭から身近な社会に広げることにつながります。また, 動物園の役割やそこで働いている人々についても知り, 安全に気をつけて正しく利用しながら, 動物を観察したり触れ合ったりする時のマナー・気遣いも学ぶことができるでしょう。

　近年は国語と生活科との合科学習として動物園を利用する学校が増えています。これは国語の教科書に掲載されている「動物園のじゅうい」(小学校2年生国語) の学習とともに行うことが多いからです。国語としての学習だけでなく, 獣医の仕事を知ることで, 動物園で働く人々についての学習につなげ, 動物園を訪問した時には, 生活科として獣医さんだけではなく動物園には多くの人たちが働いていることに気づくことになります。そして, 自分の住んでいる地域でも, 多くの人たちがそれぞれみんなのために働いていることにも気づきます。

　動物園は, 自然としての動物だけでなく, 公共施設やそこで働く人々という, 生活科でかかわるべき「自然」「公共施設」「人」がそろっている場でもあるので, 生活科学習に最適な場となっていると考えられます。

(2) 動物園から地域学習へ

　阿部治は, ESD は地球規模での持続可能な開発に立った取り組みであるが, その達成のためには持続可能な地域づくりが不可欠であり, 地域内の人的・自然・歴史・文化資源などを生かし, 地域内の経済や福祉, 教育などを推進させる内発的発展を日本版 ESD であると述べています[8]。阿部のように日本版 ESD を「持続可能な地域づくりのための教育」であり環境教育の発展型と捉えると,

その基礎である幼少期には，センス・オブ・ワンダーを働かせ，自分の地域の
自然や社会に，感性豊かに体験的に総合的にかかわること，そして自分の生活
とかかわらせることが，低学年の環境教育にとっては必要であると考えられます。

　しかしながら，生活科で扱う「地域」とは，「児童の身近な生活圏である地
域」であるとされていますが，身近な生活圏に動物園がある学校はほとんどな
いでしょう。では動物園は生活科の学習の場として使いにくいのでしょうか。

　近年「動物園は海外から来た珍しい動物を見る場」から動物園を起点として
「地域の自然や生き物たちに目を向ける場」への移行が見られます。筆者は，コ
ロナ禍前の4年間，月に一回恩賜上野動物園の子ども動物園の中のしのばずラ
ボで，動物園の中で不忍池の生き物たちに目を向けるプログラム開発を行って
いました。また，日本動物園水族館協会によれば，園内に生息する昆虫やネズ
ミ，ホタル，アメンボなどの観察会や飼育動物以外の野生動物を対象にした観
察会などの各園館の立地環境をうまく利用したプログラムが増えているとのこ
とです。今までの動物個々についての理解の場から，地域環境としての動物を
考える総合的理解の場へと，動物園の視野が広がってきているようです。

　このような動物園の考え方は生活科教育にも生かせると考えられます。動物
園・水族館を起点にし，児童たちが自分たちの地域の身近な自然や動物そして
総合的な環境にかかわっていくことにつながっていくことが大切でしょう。動
物と触れる活動を行うだけでなく，動物園と児童が生活している地域とをどの
ように結び付けていくのかが今後の課題になるのではないでしょうか。

第5節　低年齢の子どもたちへの動物園・水族館教育

　日本動物園水族館協会によると，「いわゆる "子ども対象" のプログラムの多
くが，小学校高学年を対象に考案されていることがうかがえるが，低年齢層に
対する言葉使いや内容の選択が難しいことが理由としてあげられる。」とのこと
で，動物園を訪問する学年は小学校低学年が多いにもかかわらず，低学年向き
のプログラムが少ないことが指摘されています。動物園関係者は生き物の専門

家であり，上記のような科学的なことだけでなく，生活科のように未分化な子どもたちに総合的な学習の支援を行っていくことは難しいことでしょう。しかしながらこの道のプロは小学校教員です。今後はいかに動物園職員と教員が協力して教育プログラム開発や実践を行うかが大切になってくると思います。

　幼稚園・保育園も同じです。前述の報告書では，「幼稚園・保育園のみを対象にしたプログラムは動物園にわずか2件があるのみで，未就学児童への対応がうまくなされているとは言いがたい。未就学児童は小学生低学年対象のプログラムに参加しているというのが現状であろう。」とあります。しかしこちらには，幼稚園の先生や保育士という専門家がいます。

　この後の実践例で紹介していますが，特に難しいとされる低学年の動物園・水族館教育は，動物園・水族館職員と教育現場の先生方とがいかに協力していくかがカギになると考えられます。

注

1) 日本動物園水族館協会（2002）「新しい教育モデルプログラム～動物園・水族館を利用した生涯学習の展開～」https://www.jaza.jp/assets/document/about-jaza/education-committee/report_2001.pdf（2023年1月20日最終閲覧）.

2) 小玉敏也（2020）「動物園・水族館と学校との連携条件に係る基礎的考察」日本環境教育学会『環境教育』30（2），14-21.

3) 斉藤千映美・田中ちひろ・松本浩明（2014）「動物園における校外学習の実態と課題～仙台市八木山動物公園の事例から～」『宮城教育大学　環境教育研究紀要』第16巻，67-74.

4) Lucas, Arthur Maurice (1972) Environment and Environmental Education: Conceptual Issues and Curriculum Implications, The Ohio State University.

5) 阿部治（1992）「第2部第1章アメリカにおける環境教育」環境教育推進研究会編集『生涯教育としての環境教育実践ハンドブック』第一法規出版，pp.32-47.

6) レイチェル・カーソン著，上遠恵子訳（1996）『センス・オブ・ワンダー』新潮社。

7) 村上沙央里（2017）「レイチェル・カーソンの生涯と思い」『レイチェル・カーソンに学ぶ現代環境教育論』法律文化社，pp.9-10.

8) 阿部治（2014）「日本における国連持続可能な開発のための教育の10年の到達点とこれからのESD」日本環境教育学会編『環境教育とESD』東洋館出版社，pp.1-10.

9) 日本動物園水族館協会「「動物園・水族館における生涯学習活動を充実させるための調査研究」報告書」https://www.jaza.jp/assets/document/about-jaza/education-committee/report_2000_1.pdf（2022年9月30日最終閲覧）.

10) 同上.

幼児を対象とした水族館教育
〜保育園と水族館が共創したプログラム事例〜

沖縄美ら海水族館海獣課主任　山﨑　啓

　博物館は重要な社会教育施設の一つであり，水族館でも年齢層や利用団体等で分かれる多様なニーズに合わせた環境教育の展開が求められてきました。なかでも幼児を対象にした水族館教育は，自らを取り巻く環境とかかわり，生命を尊ぶ心を形成する情操教育の機会としても注目されています。しかし，その実施には課題も多く，安全管理と円滑なプログラム進行を優先して"受動的"になることや，年齢の違う中での実施が困難なこと等が懸念されてきました。そこで当館では，これらの課題を踏まえ，幼児が"能動的"に参加できるプログラムを保育士と共同で企画しました。ここでは，その教育効果とともに紹介します。

プログラム内容

　本プログラムは当館が位置する沖縄県本部町内のこすも保育園と共同で企画し，2019年6〜12月に2〜4歳児を対象に3回実施しました。当館で飼育している小型鯨類を教材とし，クイズや実験で興味関心を高め，その後に観察会を行い，振り返りには動物の動きを模したダンス（以下，ものまねダンス）やパズル等の"遊び"を行いました（**表1〜2，図1〜3**）。実験では動物の音の聞き取り方の例として金属性スプーンを使用した"おもちゃ"で骨伝導を体験し，ダンスの際にはイルカの尾鰭を模したプレートを用い，動物の模擬体験を多く取り入れました。

　本プログラムの内容を構成するにあたって要になったのは，保育士との事前相談会でした。その中で留意したのは，異なる立場の水族館職員と保育士が，目標や実施イメージを共有することでした。具体的には，目標（**表1**）は保育所保育指針（厚生労働省，2019年）の「幼児期に育ってほしい10の姿」から抜粋し，安全管理については「幼児期における環境教育のためのチェックリスト」（日本環境教育学会，2016年）を，活動内容（**表2**）は動物の模擬体験を多く取り込んでいる「環境教育プログラム Growing Up WILD」[1]（米国環境教育協議会，2013年）をアレンジして使用し明

表1　目標とする7つの項目
1.　自然との関わり・生命尊重
2.　思考力の芽生え
3.　協同性
4.　言葉による伝え合い
5.　豊かな感性と表現
6.　自立心
7.　数量と図形，標識や文字などへの関心・感覚

表2　活動内容と重点目標	重点目標※表1参照
A．イルカの観察	1．4．7．
B．クイズ	2．6．7．
C．ものまねダンス	3．4．5．
D．実験（骨伝導体験）	2．6．
E．パズル	2．3．6．
F．ウミガメの観察	1．4．7．

表3　実施概要

	2歳児クラス	3歳児クラス	4歳児クラス
園児数（名）	18	28	27
保育園職員数（名）	6	4	6
水族館職員数（名）	3	2	2
時間（分）	90	100	120
活動内容	B→A→E	B→A→D	B→D→C
※表2参照	→C→D	→C	→A→F→C

確な指針を示しました。そのうえで，問題点を議論することで保育士からも建設的な意見が多くあがり，そのどれもが水族館職員では想像や把握が容易ではない視点からのものでした。例えば，安全面では園児の個々の性格やプールサイドでの安全区域の示し方（ポールやコーン等の"物"よりも，ペンキの"ライン"が適当，**写真1**）や，活動内容では，ものまねダンスに適した楽曲やパズルのピース数・切り取り方等があげられます（**写真2，3**）。このように，事前相談会を通して，より教育効果や再現性の高いプログラムの開発を目指すことができました。

写真1　イルカの観察：観察エリアをペンキのラインで示す

プログラムの効果

　実施プログラムの評価ついては，保育士・園児・保護者の3対象へ実

写真2　ものまねダンス：尾びれを模したプ
レートを使用

写真3　パズル：1チーム6人でチーム対抗
戦を実施

施し，多角的な視点から園児への教育効果を考察しました。保育士へのアンケート
では，各目標（表1）の達成度を5段階評価で調査しました。結果，目標の達成度は
すべての項目で3点以上（4点満点中）がつき，なかでも「自然との関わり・生命尊重」
「思考力の芽生え」「協同性」で高い評価を得ました（図1）。事前に各活動内容にお
ける重点目標（表2）を定めたことで，両職員の園児たちへのサポートの方針が明確
になったことがこの結果につながったと思われます。例えば，パズルの際には"友
達との協力"＝協同性を促し，ものまねダンスの際には"見たものを言葉や体で表
現する"＝思考力・表現力の向上を促す声掛けが多く聞かれました。実施後，保育
士からは，「生きている動物を観察するからこそ園児たちの興味関心も高く，さらに
"遊び"を取り入れたプログラムによ
り，自ら考え学んで行く様子が感じ
られた」という声が多くあがりました。
　園児へのアンケートは事前事後に
行い，「気持ち温度計[2)]」を用いて動
物の知識と関心の変化を評価すると
ともに，プログラムの中で1番目と
2番目に"楽しかったこと"を聞き
取り調査しました。結果，動物への
知識と関心はいずれも向上していま
した。しかしながら，動物への関心
はプログラムの実施前からほぼ満点

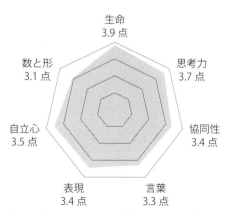

図1　保育士アンケート調査：目標の達成度の
評価（N＝16）

で，これに対して保育士か
らは「地元の水族館へいけ
ること自体が園児たちは嬉
しく情操教育の場としての
利用価値は高い」という考
察があがりました。確かに
"楽しかったこと"の3位
にも飼育員との会話
（20%）が入り（図2），水族

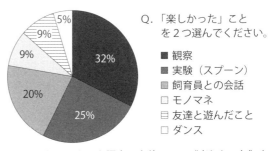

Q.「楽しかった」こと
を2つ選んでください。

■ 観察
■ 実験（スプーン）
■ 飼育員との会話
□ モノマネ
▤ 友達と遊んだこと
□ ダンス

図2　園児アンケート調査：上位2つの"楽しかった"内
容の聞き取り（N＝146）

館を幼児教育の場として活用することは，地域の施設やそこで働く大人との関係性
を構築し，「保育所・家庭・地域が一体となって子どもの教育・保育に取り組む環境
づくり」（保育所保育指針）の一助に成り得ることが伺えました。

　保護者へのアンケートからもこの成果を裏づける結果が得られました。園児たち
が自宅で発した実施後の感想を自由記述形式で収集し，テキスト型データ分析ソフ

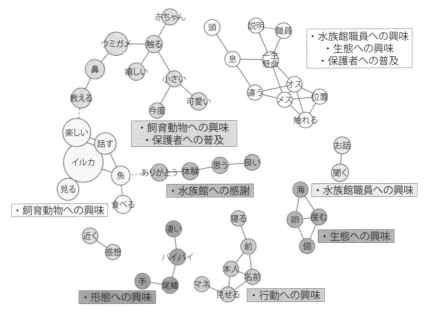

図3　保護者アンケート調査：自宅での園児の感想
円の大きさ：語の出現回数，線の太さ：語間の関係性の強さ（N＝66）

ト KH－Coder を用いて解析しました。結果，"動物の形態・行動への関心"に続き"水族館職員への興味"を示した感想が多い傾向にありました (図3)。

　このように本プログラムの前後で，対象別にアンケートを行ったことにより園児が遊びを通して"能動的"に学び，動物の観察を通じてそれ自体への興味喚起を促しただけではなく協同性・思考力等を育む情操教育の機会を得たこと，さらに地域との連携が強化されたことを伺い知ることができました。

おわりに

　保護者へのアンケート結果の中で，上記の2項と同様に出現が高い傾向にあったのが，"園児から保護者へ説明"しようとする姿勢が見られたという記述でした。後日談ですが，園児は夜寝る前に布団で跳ね回り"これがイルカの泳ぎ方"だと模擬の動きをもって説明し，保護者の間では，骨伝導の実験での"山ちゃんのスプーン"がトレンドワード入りしたそうです。"山ちゃん (著者の愛称)"は誰なのか……」「スプーンで"おもちゃ"を作りたがっているが正解がわからない……」という保護者からの問い合わせに応え，保育園では実施写真つきの掲示物が作成されました。また，後日水族館に家族で来館した園児もいました。このように本プログラムが起点となり，水族館―保育園―園児―家庭という地域内での教育の循環が生まれたことは期待以上の成果でした。地域の水族館と保育園が連携することでの教育の相乗効果が，大人の想像を超えた園児の理解度と意欲を引き出し，教育の場としての水族館の可能性の大きさを改めて示しました。

注
1) 米国環境教育協議会 (2013)「アリの行進」(pp.42-49)，「バッタの世界」(pp.66-73)，『グローイングアップ・ワイルド・ガイド』一般財団法人公園財団.
2) 政倉祐子・若林尚樹・田邉里奈 (2016)「子どもの主観評定に基づく体験学習型ワークショップの定量評価―気持ちの変化を捉える 評価ツールの提案とケーススタディ―」『日本感性工学会論文誌』15 (1)，233-244.

第3章
「総合的な学習／探究の時間」と動物園
—環境教育の場としての動物園教育—

東京学芸大学非常勤講師　河 村 幸 子

日本モンキーセンターキュレーター　赤 見 理 恵

第1節　「総合的な学習の時間」「総合的な探究の時間」と動物園

(1)「総合的な学習の時間」

　日本の学校教育における「総合的な学習の時間」(以下, 総合学習) は, 2000年から段階的に始められました。2017年告示の学習指導要領に示された「生きる力」をはぐくむことが最大のめあてであり, そのねらいは小学校, 中学校, 高等学校ともに次の内容です。[1]

> 探究的な見方・考え方を働かせ, 横断的・総合的な学習を行うことを通して, よりよく課題を解決し, 自己の生き方を考えていくための資質・能力を育成することを目指す。

　小学校では地域の実態や児童生徒の実態から, どのような子に育って欲しいか学校教育目標をたてます。「総合学習」ではさらに, この目標達成のために学年に応じた具体的な目標をたて, 目指す児童像を設定します。どのような資質と能力をどの場面で育てるのかを明らかにし, 職員間で共通理解を図ります。

　「課題をつかむ→課題を追求する→まとめる→成果を活かす」という学習過程をたどるので, 一つのテーマに20時間から35時間かけることもあります。最後には学んだことを発表するために地域の人々や家族, 下の学年の児童生徒たちを招いて発表会を開くことが多くなっています。年間の総授業時数は表3-1のように, 小学校で週3時間。中学校でも週2時間から3時間。高校では学校の

裁量に任されていますが，卒業までに105時間から210時間，学習することが定められています。児童生徒は自分の課題にじっくり取り組める時間ですから，途中で壁にぶつかっても友だちと協力したり，教師の支援を受けたりして乗り越え，達成感を味わうことができます。

表3-1　総合的な学習の時間の時数

小学校	第3学年	第4学年	第5学年	第6学年
時　間	105	105	110	110
中学校	第1学年		第2学年	第3学年
時　間	70〜100		70〜105	70〜130
高等学校	卒業までに105〜210単位時間（3〜6単位）を標準とし，各学校において，学校や生徒の実態に応じて適切に配当			

　「総合学習」は教科・領域を横断する学習として斬新で自由度の高いものでした。なぜなら教科書はなく，地域の課題を教師たち自身が見出し，児童生徒たちとともに学ぶ学習だからです。しかしそれはまた，学校独自の教育課程を編成しなければならず，児童生徒の一人ひとりに課題をもたせるという大きな課題を突きつけられました。何よりもその地域を教師自身が調べ，教師自身も地域の人々から学び，児童一人ひとりに対応することが求められたのです。

　動物に関する教育という視点で学校飼育動物についてみてみますと，小学校では感染症の問題や飼育体制の難しさから学校で動物を飼育することが難しくなり，動物園が行う動物を伴った出前授業に頼るところも増えてきました。学校での哺乳類を教材とした教育は危機的状況になっています。地域に博物館や動物園・水族館（以下，動物園）がある学校では，こぞって連携授業の実践に取り組むようになったのです。これらの施設は安全で，児童生徒の関心も高く，何よりも「楽しむ場」のイメージがあります。動物園は本物の動物が生きて暮らす場であり，それを実際に見て感じ，知識を得ることができる場として期待されているのです。

　しかし，動物園を利用した学習でも，学校での一人ひとりの課題設定の授業で，教員の働きかけが曖昧ですと，テーマが広がり過ぎ，園や館では限られた

時間の中でどのテーマについても深まるところまでは到達できないという状況に陥ってしまいます。「総合学習」の中での目標を達成できない場面も起きてしまいます。教員の熱意と指導力が問われるのも「総合学習」の特徴といえます。

(2)「総合的な探究の時間」(以下,「総合探究」)

2018年3月に告示された高等学校学習指導要領では,目標を同じくして「総合探究」と設定されました。学習指導要領解説には次のようにあります。[2]

> 小中学校では,教師の指導も受けながら課題を設定し,解決していくことにより,児童・生徒が結果として自己の生き方を考える契機となっていくことになる場合が多いのに対し,高等学校では,生徒自身が自己の在り方生き方と一体的で不可分な課題を自ら発見し,解決していくことが期待されることを意味している。

今までの内容に加えて,「生徒の興味・関心に基づく課題,職業や自己の進路に関する課題などを踏まえて設定すること」,内容の取り扱いについては「自然体験や就業体験活動,ボランティア活動等の社会体験,ものづくり,生産活動などの体験活動,観察・実験・実習,調査・研究,発表や討論などの学習活動を積極的に取り入れること」とされました。

自己を理解し,将来の在り方生き方を考える場として,「総合探究」の中で動物園を活用することほど,この学習に適した場はないのではないでしょうか。動物園では,今までの研究から次のような効果が得られるとされています。

① 動物を間近で見たり感じたりすることにより,児童生徒の感性や自然観を育てることができる(高橋ら[3])。

② 実物にふれたり観察したりする体験やキーパーズトーク,解説板などから,児童生徒が課題を自ら発見しやすい(町田・河村[4])。

③ 動物を実際に観察することにより,心が動かされ,表現力が豊かになる(中川・無藤[5])。

④ 動物の生息環境を知り,環境問題に興味を持つことで,環境問題を考えるようになる。

⑤ 動物の命を感じ，命の大切さを知り，思いやりの感情が芽生える（日本初等
理科教育研究会[6]）。

⑥ 動物について学び，表現することにより，理科，国語，英語，獣医学にも関
心を広げることができる。

　動物を取り巻く環境問題を自分の生活との関連で捉えることができると，自
分はどのように行動すればよいのかが見えてきます。コロナ禍以降，動物園か
らの発信が増え，動物福祉や環境問題についてもメッセージが送られています。
　このように学習するためのよい条件が揃っているのに，動物園は未だに「学
びの場」として一般には定着していません。それはなぜなのでしょうか。次に
学校との連携の問題点について述べていきます。

(3) これまでの動物園と学校との連携における問題点

　「総合学習」は，初期の頃，「総合的学習—20世紀日本教育の壮絶な失敗だっ
た？」（明治図書『総合的学習を創る』No.201，2007年3月号[7]）と，タイトルがつけ
られるほど，「総合学習」には反対意見も多くありました。動物園に行って，一
人ひとりが「総合探究」のための課題を見つけることは容易なことではありま
せん。時間ばかりかけて本当に学力がつくのか，その時間に受験勉強をすべき
であると，実際に教科の補充や学校行事の時間にあてた学校もありました。学
校によって取り組み方に違いがあったのです。西村宗一郎による，大学生（教
職履修学生）45名を対象とした調査では[8]，高等学校時の総合学習について「3年
間を通じて，時間割に位置づけられていた」は73％。内容については「補講や
勉強」が7％であったと述べています。筆者も教職課程履修大学生（143名）を
対象に調査をしたところ，自由記述欄に「未だにあの授業は何だったのか，わ
からない」「総合的な学習の意味がわからない」というような声が27％ありま
した。生徒自身が目的をつかめず，自覚していなかったことがわかりました。
　現在では，生涯学習の場として動物園等の施設が重視され，野生動物をはじ
めとする自然保全の意識が高まり，SDGsや地域に重点を置いた生物多様性学

習に注目が集まっています。「『総合的な学習・探究の時間』の成否はわが国の教育改革の鍵を握る[9]」ともいわれています。動物園での学習は今後，さらに期待されるものとなると思われます。

　ただし，動物園で「総合学習・総合探究」を実施する場合，学校と園館の両面から次のような問題となる点があると考えられます。

学校側の問題点

① 理科や生活科の教育課程では「生き物」として，昆虫と淡水魚が扱われます。哺乳類ではウサギが愛玩動物として扱われ，ヒトについては筋肉と内臓の学習はありますが，大型の哺乳類についてはふれられていません。

② 教職課程のある大学カリキュラムでは哺乳類や野生動物についての内容は含まれておらず，教員は学んできていません。ですから，内容も指導も動物園にお任せという学校が多いのです。

③ これまでの動物園への校外学習の多くは特別活動であり，理科や生物の学習ではありませんでした。クラスのみんなで行って，ルールを守って仲良く過ごす学級経営のための時間と位置づけられていました。

④ 動物園に行くには交通費がかかります。学年全員で行くにはその費用が負担ですし，往復の行程や現地での引率の責任問題もあります。

動物園側の問題点

① 各学校と園館の距離が遠いという点です。地方の小さな動物園も入れると動物園だけで300を超えるとはいえ，小学校数と比較すると少数です。

② 教育体制を整えている園館は少ない状況です。多くの動物園が公園施設として設置されており，教育担当者が不在であることが多いです。さらにすべての学校が関わるには工夫が必要です。

③ 学校との連携を進めている園館でも，内容や指導体制には園館の良さが活かしきれていないことがあります。教員の理解不足もあり，動物園側でも提案しづらさがあるようです。

　次節では公益財団法人日本モンキーセンターの実践を紹介します。［河村幸子］

第2節　日本モンキーセンターの実践

　日本モンキーセンターには年間約200団体が来園し，その多くが教育プログラムを利用しています。教員と学芸員が事前に綿密な打合せを行い，国語や理科，生活科などの教科教育に関連づけたり，学校での事前事後学習を組み合わせたりするなど，学校ごとにオリジナルの教育プログラムを組んでいます。ここでは，総合学習や総合探究に関連する事例を3つ，紹介しましょう。

(1) 小学6年生の総合学習の事例：理科の学びを重ねて総合学習へ

　犬山市立犬山北小学校では2016年度より，毎年春に「1日モンキーデー」を設けています。日本モンキーセンターの休園日に，全児童約500名が動物園を貸し切って学びます。各学年に合わせたプログラムを組み，学年が上がるごとに学習内容を深めていきます。1年生では導入的な見学を，2年生では国語，3年生から5年生では理科に関連した内容を学び，6年生ではこれまでの学習の総仕上げとして，主体的な探究活動を行います。[10]

　6年生の学習では，今までは理科学習を深める探究活動を行ってきましたが，2021年度からは教員の発案で，理科の単元「生物と地球環境」と総合学習のテーマ「私たちの未来」を関連させて取り組むことになりました。

　学校での事前学習では，事前に選定した6種の霊長類（絶滅の危険が高い5種とニホンザル）をグループで分担し，「ワシントン条約」や「レッドリスト」について調べます。モンキーデー当日は担当した種を動物園でじっくり観察し，例えば「フクロテナガザルは高いところをウンテイのように移動していたから，高い木の上で生活しているの

ワオキツネザルの観察
4年生はほねときん肉，6年生は絶滅のおそれがあることを学ぶ。

ではないか」など，その体の形や行動から生息環境を予想します。この予想に
は，5年生までに学んできたことが生かされています。学校での事後学習では，
担当した種の生息環境と絶滅の危機にある原因を調べ，ヒトと動物が共存する
ために「自分にできること」を考え，学級内で発表会を行います。後日，学年
全体で行う代表児童による発表会には学芸員が赴き，交流や講評を行います。

　この取り組みは，児童の6年間にわたる継続的な学びと，教員と学芸員の複
数年にわたる継続的な連携，という2つの継続性により，毎年改善が加えられ，
学びが深まっています。今後のさらなる展開が楽しみです。

(2) 高等学校の総合探究の事例：研究を体験する

　動物園では，内外の研究者によりさまざまな調査研究が行われています。調
査研究の過程は，総合探究と共通する点がたくさんあります。また高等学校の
総合探究では前述のとおり，職業や進路に関する課題にも言及されています。し
かし多くの高校生が大学等への進学を選ぶ一方で，研究者やそれに類する職業
について知る機会は限られています。そこで日本モンキーセンターでは近隣の
進学校と連携し，高校生が研究を体験する機会を提供しています。その一例を
紹介します。

　愛知県立明和高校は，3期にわたり文部科学省のSSH（スーパーサイエンスハ
イスクール）の指定を受けた高等学校で，先進的な科学技術教育を行っています。
その一環として，日本モンキーセンターと連携した3つの活動を行っています。

　ひとつ目は，1年生全員（約360名）を対象とした「探究活動ガイダンス」で
す。午前中に市内公共施設で霊長類研究者による講演を聞き，午後は動物園を
訪れて探究活動を行います。時間が限られているため，観察のテーマと方法は
あらかじめ決めていますが，学校での事前学習で仮説を立てておきます。来園
当日はワークシートを用いて観察し，データを取ります。事後にはSSH生物α
（学校設定科目：生物基礎＋生物）の授業において，結果のまとめ，考察，発表資
料作成，発表会を行います。生徒は調査結果にその他の情報も加えながら考察
し，仮説の検証だけでなく，新たな課題を見つけることもできていました。

　2つ目は「探究活動ガイダンス」を経て希望者を募り，少人数（上限30名）を対象に実施する「一日研究員体験」です。事前学習で調べてみたいことを挙げておき，当日は学芸員と相談して仮説と調査方法を決めます。数時間の観察を経て結果をまとめ，考察します。2022年度はジェフロイクモザルを対象に，「尾をどのように使っているか」「個体間のコミュニケーションにはどのようなものがあるか」の2つのテーマで観察しました。

　3つ目は「一日研究員体験」参加者の中から，さらに関心のある生徒を対象とした「特別活動」です。複数回にわたり動物園に通い，自ら設定したテーマで観察を重ね，最終的には研究会や学会（高

ジェフロイクモザルを個体識別し，観察記録をとる

校生発表枠）などで研究発表を行います。2020年度には日本霊長類学会の「中学・高校生発表・優秀発表賞」で「最優秀発表賞」を受賞しました。

　これは動物園の良さを生かした事例といえるでしょう。本物の生きている動物が目の前にいることや，本物の標本を見たり触れたりできること，そして飼育員や学芸員などの専門家と交流できることは，生徒たちの主体性を高めてくれるのはもちろん，個々の関心に応じた多様なテーマで，どこまでも深く探究できる可能性を与えてくれます。

(3) 地域に根差した総合学習・総合探究の可能性：野生動物調査体験

　先に紹介した2例は，地域とのつながりが深いとはいえません。動物園動物の多くは海外に生息する哺乳類であり，自己とのかかわりを見出すことは簡単ではないのです。これを解消する方法の一つが「国際理解」に関する学びを加

えることです。例えば絶滅の危機にある動物について考えるにあたり，生息地で生産されたものの日本への輸入（木材やパームオイル，レアメタルなど）や，貧困，紛争などの問題と合わせて考えると考察が深まります。もう一つの方法は，身近な野生動物に目を向けることです。ここで紹介する事例は動物園主催イベントのもので，学校との連携はまだ実施したことがありませんが，今後の可能性としてご紹介します。日本モンキーセンターでは，毎年夏休みに1泊2日の「ワイルドサマーキャンプ」を実施しています。小学4年生から中学生までを対象に，休園日の動物園を貸し切って，野生動物調査（フィールドワーク）のコツを学びます。飼育動物の観察も行いますが，ここで紹介したいのは，カメラトラップを用いた野生動物調査体験です。園内の自然を生かし，園路から外れた森の中で獣道を探し，1日目にセンサーカメラを設置します。2日目にカメラを

回収し，撮影された写真や動画を見て，私たちの身近にさまざまな野生哺乳類が生息していることを発見します。今までに，アカネズミ，イタチ類，タヌキ，キツネ，ハクビシン，アライグマ，イノシシなどが撮影されました。

自分たちで設置したセンサーカメラに何か写ったかな？（2018年撮影）

　撮影された写真や動画を確認する時の子どもたちの目の輝きは，言葉では表現できません。まだ誰も見たことがない，自分たちが取得したデータを確認するワクワク感は，本やインターネットでの調べ学習では得られないものでしょう。地域の野生動物調査は，地域の課題解決にもつながるものです。今後は学校との連携においても活用したいと考えています。

　本節の事例では，（1）で継続した連携の大切さを，（2）で"本物"と専門家の必要性を，そして（3）で今後の可能性を紹介しました。今後の可能性についても，教員，動物園職員，そして児童生徒3者の学び合いの中から広がっていく

ものではないかと考えます。　　　　　　　　　　　　　　　　［赤見理恵］

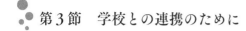

第3節　学校との連携のために

　前節の実践事例は2005年からキュレーターの高野智氏と赤見理恵氏が中心と
なって検討を重ね，たくさんの教員たちと意見を交わし，プログラムを開発し
てきたものです。[11]協議を重ね，継続して実践を進める中で学校の教員も内容を
理解して，動物園の職員とともに授業をしている姿がありました。そうして，
数々の問題を乗り越えて，地域に根差し，生き方まで考える学校独自の教材を
創り上げてきました。これは動物園がまさに環境教育の場として活用されてい
る例といえるでしょう。動物園に専門の教育担当者がいること，学校との話し
合いを続けること，これらの取り組みはこれからの動物園教育のひとつの指標
となると思われます。　　　　　　　　　　　　　　　　　　［河村幸子］

注
1）文部科学省（2017）「小学校学習指導要領（平成29年告示）」p.179
2）文部科学省（2018）「高等学校学習指導要領（平成30年告示）解説　総合的な探究の時
　　間編」p.23.
3）高橋敏之・中谷恵子・久保由美子（2000）「小動物の飼育と幼児とのかかわり―自然に感
　　動し命を大切にする心を育む保育―」『子ども社会研究』6号，97-107.
4）町田佳世子・河村奈美子（2014）「体験前後の連想語から見る子どもの学び―動物園の飼
　　育体験で伝わること―」『札幌市立大学研究論文集』8（1），39-46.
5）中川美穂子・無藤隆（2015）「学校動物飼育体験のあり方から見た児童作文の分析」『子
　　ども環境学研究』11，27-32.
6）日本初等理科教育研究会（2000）『学校における望ましい動物飼育のあり方』9.
7）明治図書（2007）『総合的学習を創る』No.201.
8）西村宗一郎（2016）「高等学校における「総合的な学習の時間」における学習評価1」『北
　　里大学教職課程センター教育研究』2，55-67.
9）山本明利（2018）「高等学校の「総合的な探究の時間」をどう指導すべきか」『北里大学
　　教職課程センター教育研究』4，17-31.
10）高野智・赤見理恵（2019）「動物園が小学校に～全学年が取り組む「1日モンキーデー」
　　の試み～」『日本科学教育学会研究会研究報告』33巻8号，89-92.
11）高野智（2022）「犬山市の小中学校との連携による理科授業「モンキーワーク」の取り組
　　み〈前編〉」『モンキー』7巻2号，48-49.

第4章
動物園と学校との連携教育の枠組み

北海道教育大学教授　野村　卓

 ## 第1節　学校教育において連携はどう進められてきたのか

　学校が学校外の機関や組織と連携してきた歴史は古く，近代教育が展開された初期から存在していたとされます。連携を通じて意図的，目的的に計画された教育プログラムとして"連携教育"が議論されるようになったのは，1960年代からでした。それは高等学校の職業体験（インターン）として，企業との連携に始まるとされます。その後，"連携教育"は多様な実態を有するようになり，① 学校教育間の連携としての"校種間連携"，② 学校教育と学校外教育機関との"学社連携"，③ 学校教育と民間企業・団体との教育的連携としての"産学連携"，④ 組織内による教育的連携としての"部署間連携"などに広がりを見せました。また，1990年代に入ると，②"学社連携"として，小学校と地域，家庭の連携の意義が唱えられるようになり，90年代後半からは①"校種間連携"についてもさまざまな学校種間で検討が行われ，これらがコミュニティスクールなどへの議論につながっていきます。

　このように，学校教育における"連携教育"の議論は，古くて新しい議論であり，本書が対象としている動物園・水族館も，戦前から学校教育と連携してきた歴史を有しています。次節において，動物園・水族館の連携の歴史にはふれるとして，改めて"連携教育"になぜ注目するかについて，指摘しておきたいと思います。青少年を社会の担い手として育成していくにあたり，人や社会のみならず，自然や動植物と触れ合う中で，社会や自然との共生を理解し，行動できる人材の育成が求められるようになっています。

　しかし，地球環境や人間社会（現代社会）は不確実性を増加させてきていると

指摘されており，これらに対応できる人材は，「何を学んできたか（知識習得）」ということだけでなく，「何ができるか（行動主体）」を，対話的（合意形成）に展開できることが問われるようになってきています。

　「何ができるか」を問う過程は，青少年期に探究（探求）を助長し，スキーマの変容を促す教育課程（教育計画）が必要です。これらを展開するために，学校教育や動物園・水族館は，これまで，蓄積してきた手法の発展のみならず，互いに連携し，新たな教育手法を，共有していくことが求められます。このための新たな関係構築として"連携教育"を議論する必要があるのです。

第2節　動物園において連携はどう進められてきたのか

(1) 動物園の教育的機能（役割）の発揮と学校教育連携の歴史

　動物園の機能（役割）は，ロンドン動物園が近代動物園として市民に対する教育的な配慮（教育的機能）とレクリエーション機能を念頭に実施したことに始まるとされます。この機能は日本で最初に開設された上野動物園に取り入れられました。このため，動物園開設初期から，理科教育としての実践が展開されてきたという指摘や，戦後復興期の青少年の情操教育のための実践が展開されてきたといわれています。改めて，動物園・水族館が学校教育と連携した事例を見ると，1917年に京都市動物園の南大路勇太郎園長が，小学校の要請を受けて動物に関する講話を行った事例が挙げられます。

　これ以前は，江戸時代から続く見世物に傾倒し，低俗な大衆慰楽施設を継承していた側面（ただし，江戸時代の見世物小屋の歴史を動物園・水族館の歴史に位置づけることには議論があります）から，レクリエーション機能が主に発揮されてきました。

　1930年には上野動物園で展覧会，教育資料展，飼料表等陳列などが行われるようになりました。しかし，内容的には見世物的な要素を含み，教育的配慮があったかは疑問が残るとの指摘があります。1937年には九州電気軌道株式会社（現西日本鉄道株式会社）が運営していた到津遊園において，久留島武彦が園長の

阿南哲郎に提案・実施した"林間学園"が日本最初の動物園サマースクールとされています。実践内容としては，童話，音楽，舞踊，動物講話，自然観察が組み込まれ，科学と芸術を組み合わせた教育的なプログラムであったとされます。

　動物園の教育的機能を再検討した機会として，京都市動物園の小島一介の提起があります。小島氏は，動物園における教育活動とは①教育的配慮に基づく展示活動，②教育的意図に基づいた「人」による教育活動，③補助教材による活動が内包されるとしました。特に②に含まれる教育活動として子供動物園を取り上げ，動物園独自の教育として飼育体験など直接的な体験を与えるだけではなく，「物」をみるという行為をより正しく，より具体的に観察させるための補助教材を開発しつつ，「物」の本質に迫る教育の展開が必要だと指摘しました[1]。これには指導する側が研究活動を軸に，その成果を教育の展示や活動に反映させて行く必要があると説いたのです。これらをふまえて，動物園教育とはヒトと動物を結びつけ，豊かな人間性の育成をめざすものとする指摘もありました。

　これらのことから，動物園の教育的機能は，日本において動物園開設当初から設定されたものとして理解されてきました。さらに学校との連携は戦前から展開され，小学校からの要請で始まります。しかし，動物園に対する国民の期待は見世物（レジャー，レクリエーション）であり，そこからの脱却は困難を極めました。動物園開設の初期段階（明治，大正期）は，そもそも獣医師が不足し，飼育員の専門性も低く，動物園関係者の資質向上の機会も十分ではなかったと考えられます。当然のことながら教育的機能の発揮が求められながらも，展開できる十分な土台が形成できないのが初期段階であったといえます。

　一方，近年の動物園研究において，1862年の遣欧使節団に参加した市川の報告を，初歩的な理科教育実践だとする指摘があります[2]。しかし，学校教育制度を充実させる以前の実践を理科教育実践だと位置づけるのは無理があります。これらは，動物園の発展過程を整理する過程で，発展段階に至るまでの長い試行錯誤の中に，学校教育の補完的実践を見出し，学校教育の概念のままに現代的に整理を図った見解とも考えられます。これがその後の教育的機能の検討において，学校教育に縛られ，動物園教育の可能性を制約してしまった例といえな

くもありません。

　改めて，動物園は博物館法に基づく社会教育施設であり，学校教育の補完的機関ではありません。独立した機関が連携する意義として，① 学校教育と共有できる目標を設定し，② それぞれの教育を理解し，尊重する体制を構築する必要があります。そのために，① においては動物園の教育実践を教育計画として体系的に整理することが必要です。② においては学校教育の教育課程と動物園の教育計画を相互で理解し，共有課題を設定することが求められます。動物の生態などをはじめとした多様性の議論と豊かな人間性の習得を目指した包括性を内在させた"共生"のための教育が共有される必要があるのではないでしょうか。これらは，新たな博物館の定義とも連動することになると考えられます。

第3節　連携を推進するための共有認識

(1) 学校教育の21世紀型学力としてのコンピテンシー (Competencies) 概念

　現代は，環境問題や感染症の他に，紛争発生などの不安定要素とともに，AIなどの技術進化により，情報領域の変革だけでなく，労働形態，職種の淘汰などが指摘されるようになっています。現状が単に継続されるのではなく，変化に富み，不確実性が高まることが想定されています。これらに対応できる担い手養成の重要性が指摘されるようになっています。

　不確実性に対応する資質・能力・力量の議論として21世紀型学力の議論があり，そこでは"コンピテンシー"概念に注目が集まっています。この議論は1990年代のアメリカのマクレランド（D. McClelland）の提起が契機とされています。マクレランドは，ペーパーテストで問われる伝統的な認知的スキルではなく，対人関係感受性や，自身の揺るがない信念の保持，社会的，政治的立場を理解する能力など，非認知的スキルに注目しました。これら研究をスタートにOECDは1997年から"コンピテンシーの定義と選択（DeSeCo）プロジェクト"を展開するようになります。その後PISA（生徒の学習到達度調査）やPIAAC（国際成人力調査）などを提唱，普及啓発するに至っています。改めて，PISAは

マクレランドが明らかにした社会と労働市場への変化に対応できる人材の育成を目指したものです。「特定の状況における複雑な要求に適切に対応していく能力」を“コンピテンシー”と表記し，① 異文化対応の対人関係感受性，② ほかの人たちに前向きの期待を抱く，③ 政治的ネットワークをすばやく学ぶ能力とされます。PISA の意義は，読解力，数学的リテラシー，科学的リテラシーの概念を，それぞれの国で多様に展開される教育課程（カリキュラム）を変更することなく，評価観点に導入できたところにあります。また，DeSeCo では“コンピテンス”を ① 必要な素材を取り出し，組み合わせて活用する“統合的（holistic）な視点に立つこと”，② ある状況の中で求められていることに呼応した行動を重視し，“文脈に即してとらえること（context-based）”の 2 つのアプローチからなると定義しています。[3] これらは，従来から重視されていた知識習得（何を学んできたか）というコンテンツを土台としながらも，付加的な要素として知の活用（何ができるか）という“コンピテンシー”の重視を掲げています。

　その後，さまざまなプロジェクトが実施され，変革を促す ① 新たな価値を創造する力，② 責任ある行動をとる力，③ 対立やジレンマに対処する力という 3 つのコンピテンシーにつなげられています。それらをよりよく獲得し，育成していくために Education2030 では ① 行動，② 振り返り，③ 見直しという“AAR サイクル”を通じて，“個人及び社会全体の 2030 年におけるウェルビーング”が体現される，いわゆる“ラーニング・コンパス（Education2030 Learning Framework，学習枠組み）”が提示されました。ここでの“コンパス”の意味は，「生徒が，単に決まりきった指導を受けたり，教師から方向性を指示されるだけでなく，未知の状況においても自分たちの進むべき方向を見つけ，自分たちを舵取り（navigate）していくための学習の必要性を強調」したものです。[4] これによって，「他人に自分のことを決めさせるのではなく自身で決断することであり，他人に行動されるのではなく自分で行動することである。すなわち，自分の未来を自分で形作ることである」[4] とする“エージェンシー（agency，行為主体，行為主体性）”の育成が目指されることになるのです。

　現在の学習指導要領は，主体的で対話的な深い学びを体現し，社会に開かれ

た教育課程の展開を目指しています。ここで養成されるべき学力には 3 要素（個別の知識・技能，思考力・判断力・表現力，主体性・多様性・協働性）が設定されています。“新しい能力”として，知の活用形態である“何ができるのか”を問う探究・省察の学習が展開され，これらをどのように評価するか（教育評価，学習評価）の検討が進められるようになっているのです。これらは OCED の Education2030 の影響を受けながら形成されてきたものといえるでしょう。

（2）博物館法改正における動物園の教育的機能の発揮

　博物館法は 1951 年に制定され，70 年ほど経過しました。博物館法制は，戦後だけでなく，戦前から議論されてきました。1897 年ころ（明治 30 年前後）の博物館令の制定までさかのぼり，1939 年の第 9 回全国博物館大会における博物館法令制定具申など，議論が積み上げられてきましたが，戦後になってようやく制定に行きついたのです。博物館といっても，その種類は自然史・科学史の博物館から美術館，水族館，動物園など多岐にわたります。1990 年代後半には，社会環境や博物館の機能の充実によって博物館の基準に合致しない部分も顕在化し，基準見直しや博物館法改正の議論が高まっていきました。2006 年「これからの博物館の在り方に関する検討協力者会議」以降，博物館法改正の流れが加速します。同じ時期に，日本動物園水族館協会は，環境省とともに動物園（水族館）法制定の検討を進めましたが，博物館法改正作業を進めていた文部科学省との関係が険悪なものになったともいわれています。しかし，環境省では動物愛護法に基づく動物取扱業の扱いなどの議論があり，動物園法の制定は進みませんでした。2008 年に博物館法が改正され，登録基準が設置者の違いや規模に応じ，さまざまな施設にふさわしい使命や計画が設定され，生涯学習施設として実践活動（展示）の充実が必要とされました。動物園も生物資料を取り扱うため，特別な基準が必要とされました。高田浩二は千地万造の掲げた「博物館活動は調査研究活動によって方向づけられる」との指摘から，学芸員の人間形成の議論を土台は“研究者育成機関”であったと指摘します。[5] これが博物館法に基づく社会教育施設としての認識に違和感が生じる要因の一つだと考えられま

す。2008年の博物館法改正は，博物館の公益性や公共性担保のために，研究成果を入館者に対して展示公開することを求めました。市民のための博物館の在り方が意識され，変革の機運を高めたといわれます。このような流れの中で，動物園は取り扱う資料が生物であることから，教育的機能の発揮において，分類や生態などに関する興味関心を深めることに重点が置かれてきたといいます。学校との連携においても要請や相談の中身は理科に関するものが大半であったといいます。そのうえで，動物園が取り組んできた教育は，① 環境教育，② 海洋教育，③ 野生動物の保護・保全教育，生物多様性教育，④ ESD や SDGs の学習に重点がおかれる傾向があったとされます。動物園の専門性からすれば対応は特段むつかしいことではありませんが，ここから動物園は地域の自然環境や地域資源を教育資源として捉え，全人教育を念頭においた地域学習コーディネーターとしての役割を果たす必要があるとされます。地域の子どもや大人まで含めた全人的な成長を支援する視点は，教育学の議論においても人間総合学的な視点に近似する指摘だと思われます。

　一方で，動物園が社会情勢に合わせて諸機能の変革が唱えられるようになり，国際博物館会議（ICOM）においては，2007年に規約における博物館の定義を改定しました。しかし，2015年には国連総会でSDGsが採択され，博物館がCultural Hub の機能を果たすためにコミュニティと連携し発展していくことを念頭に，博物館定義の再考が行われるようになりました。このため，翌2016年のミラノ大会から定義の改定に関する議論が進められ，2019年の京都大会では，博物館の機能に関する議論だけでなく，文化遺産機関として社会的役割を果たすことを念頭に議論が進められました。内容的には「博物館は過去と未来についての批判的な対話のための民主化を促し，包摂的で，様々な声に耳を傾ける空間である。……社会に託された人類が作った物や標本を保管し，未来の世代のために多様な記憶を保護するとともに，すべての人々に遺産に対する平等な権利と平等な利用を保障する」とされましたが，これに対して文化の多様性を尊重する必要性やそれぞれの国の政治体制に配慮した定義の検討が指摘され，継続審議となりました。2022年5月には最終案が発表され，「博物館は，有形お

よび無形の遺産を研究，収集，保存，解説，展示する，社会に奉仕する非営利の常設機関である。一般に公開され，アクセスしやすく，包括的な博物館は，多様性と持続可能性を育む。倫理的・専門的に，そして地域社会の参加を得て運営され，コミュニケーションを図り，教育・楽しみ・考察・知識の共有のためにさまざまな体験を提供する（仮訳）」と改定されました[6]。

　改めて，ICOM の定義によれば，博物館は包括性（包摂性）と多様性を念頭においた持続可能な社会への貢献が大きな役割となることを表明しているといえます。包括性（包摂性）と多様性の概念は，自然的にも，社会的にも重要な概念であり，これらを統合して捉えていく必要があります。これらは"共生"概念として整理ができます。この"共生"を体現するために何ができるのかを考え，行動できる人材の養成が教育的機能の発揮，"共生教育"の展開が重要な観点になります。

第4節　連携の土台となる教育課程と教育計画の相互理解の重要性

　動物園と学校の連携教育の枠組みを検討するにあたり，歴史的経緯をふまえて整理してきました。連携教育といっても多様な議論があり，学社連携から学社融合の議論が進んできたことを指摘しましたが，連携にはさまざまな課題があり，古くて新しい領域であるということができます。そのうえで動物園は，社会教育施設とはいえ，子どもや親子を対象としたレクリエーションとしての位置づけから私教育としての家庭教育にコミットしやすい機関です。学校教育という公教育と私教育を連動させた取り組みに，今後の可能性を有しているといえるのです。

　一方，動物園は，日本における成立過程の初期段階から教育的機能を有し，学校教育とかかわり合いながら教育実践の蓄積が行われてきました。

　しかし，動物園の教育的機能の発揮において，学校教育を強く意識して形成されてことにより，発展に制約が生じてしまっていることを指摘しました。これとは別に動物園が他の機能（レクリエーション機能，種の保存機能，調査研究機

能）と教育的機能を連動させて，体系的（計画的）整理が十分行われてこなかったことも指摘しました。

　改めて動物園と学校が連携を深めていくうえで，相互の教育目標とその計画性（教育課程，教育計画）を理解しあう必要があります。学校教育は学習指導要領の3つの学力観やOECDのEducation2030などで指摘されているラーニングコンパス（学びの羅針盤）を体現する担い手として，"何を学んできたか"だけでなく，"何ができるのか"という観点から不確実性の増す未来に対して主体的，対話的に行動できる主体の育成を目指すようになっています。動物園においては博物館法改正に伴い，包摂的で，多様性を担保した持続可能な社会に貢献することを念頭に，自然的にも社会的にもかかわる役割を果たしていくことが求められるようになっています。これらは動物園と学校が連携を進めていくうえで，相互理解を阻む要素にはなりえません。これら方向性は，互いに連携しあうことで，より助長できると考えられます。共通の認識として自然的，社会的"共生"を体現するための協働と連携です。学校教育は教育課程を，動物園は教育的機能を起点に他の機能を連動させた教育計画を，相互理解することから始まるといえます。これを怠ると，どちらかの支援や協力団体として機能することになり，持続的な実践に繋げるのは困難になるでしょう。

注
1）小島一介（1977）「動物園における教育活動および実践例について」『博物館研究』12（8），2-7.
2）佐渡友陽一（2016）「日本における動物園教育の理念と生成と変容」生涯学習・社会教育ジャーナル編集委員会編『生涯学習・社会教育研究ジャーナル　2015』9，23-47.
　　佐渡友陽一（2016）「日本の動物園水族館における教育部門の成立と発展」全日本博物館学会編『博物館学雑誌』41（2），13-43.
3）OECD（2005）Definition and Selection of Key Competencies Executive Summary. http://www.oecd.org/pisa/35070367.pdf（2023年1月10日最終閲覧）.
4）OECD（2019）OECD Learning Compass Concept Notes. http://www.oecd.org/education/2030-project/contact/（2023年1月10日最終閲覧）.
　　（日本語訳：http://www.oecd.org/education/2030-project/teaching-and-learning/learning/learning-compass-2030/OECD LEARNING COMPASS 2030 Concept note Japanese.pdf）

5) 高田浩二 (2020)「博物館としての動物園水族館の在り方」大阪市立自然史博物館編『日本の博物館のこれからⅡ—博物館の在り方と博物館法を考える—』pp.49-57.
6) ICOM 日本委員会「ICOM 京都大会と今後の我が国の博物館」https://icomjapan.org/journal/2020/09/07/p-1266/ (2022 年 12 月最終閲覧).
「ICOM 京都大会を振り返る—成果と課題」https://icomjapan.org/journal/2020/09/14/p-1379/ (2022 年 12 月最終閲覧).

参考文献

古賀忠道 (1950)『動物と動物園』角川書店.
白井俊 (2020)『OECD Education 2030　プロジェクトが描く教育の未来』ミネルヴァ書房.
鈴木敏正 (1999)『エンパワーメントの教育学』北樹出版.
高橋宏之 (1999)「生涯学習社会における動物園の環境教育の研究」『東洋大学大学院紀要』36 (文学 (国文学・英文学・日本史学・教育学)), 664-647.
瀧端真理子 (2014)「日本の動物園・水族館は博物館ではないのか？—博物館法制定時までの議論を中心に—」『追手門学院大学心理学部紀要』8 巻, 33-51.
野村卓・酒巻菜緒子・落合かほる・大沼龍之介・杉本優・阿部歓乃 (2021)「動物園に置ける教育的機能の展開と教育領域の再検討—学校との連携教育と動物園との共生教育から構成される動物園教育の枠組み—」『ESD・環境教育研究』(23), 1-10.
野村卓・落合かほる・大沼龍之介・杉本優 (2022)「動物園と学校教育との連携教育の枠組み—共有概念としての動物福祉とエージェンシー」『ESD・環境教育研究』(24), 21-32.
野村卓 (2022)「動物福祉・動物介在教育を念頭においた動物園との ESD 連携教育の可能性と地域協働型教員養成教育」北海道教育大学釧路校編『地域探究力・地域連携力を高める教師の育成　地域協働型教員養成教育の挑戦』東洋館出版社, pp.346-368.
若生謙二 (1982)「近代日本における動物園の発展過程に関する研究」『造園雑誌』46 (1), 1-12.

第5章

動物園・水族館教育への法的要請について
─3層構造，地域連携，実際生活に即した文化的教養と人格の完成，生涯学習─

法政大学名誉教授　笹川孝一

日本国際湿地保全連合職員　佐々木美貴

第1節　課題の設定

　博物館法を根拠に，"動物園・水族館は社会教育施設"とされます。その論理からすれば，動物園，水族館教育は博物館教育の一環ということになります。その博物館教育について，展示と「いわゆる教育活動」について議論があります。

　一方で，説示型展示，二元展示，総合展示，資料の環境・背景を有した臨場感のある展示等の8種類の展示の中にこそ教育は示されるという見解があります[1]。しかし，参加者の表現活動等が十分には想定されていないために，個々の来館者の体験，人生・人格にとっての意味を論ずる見解もあります。これは，博物館教育体系化に努めたG.ハイン（Hein, G. E.）を紹介しつつ，博物館教育での個人の認識プロセスと社会的実践プロセスを提示します。日常人生体験での「前知識」と博物館体験が「熟考・探求」「新しい課題・関心」を呼び，「付加情報とリソース」が合流して「新たな探求」が生まれ，「ライフへの応用─個人」「社会的変革（民主主義）」につながるという図式です。

　これを踏まえ，本章では，博物館の一種である動物園・水族館での「展示」と「教育」「ライフ─個人」「社会的変革」とをつなぐ視点を得るために，動物園・水族館にかかわる，①自然公園法系列，②地方自治法，③博物館法系列という，3系統の日本の現行関連法からの要請について考えます。

第2節　"自然動物園・水族館"と動物園・水族館の三層構造
——自然公園法と都市公園法からの要請

　国立公園法（1931年制定）を引継ぐ，1957年制定の自然公園法は，自然公園の多様化を，1956年制定の都市公園法は，「公共の福祉を増進」するために公園・緑地の都市部での整備を図りました。そして，自然公園法施行規則第1条に，「公園事業となる施設」として，「九　博物館，植物園，動物園，水族館」が，都市公園法に「植物園，動物園…その他の教養施設」が明示されています。

　ところで，1931年の帝国議会で，国立公園法の趣旨は次のように述べられました。「国立公園ヲ設定シ我ガ国天与ノ大風景ヲ保護開発シ一般ノ利用ニ供スルハ国民ノ保護休養上緊要ナル時務ニシテ且外客誘致ニ資スル所アリト認ム」（『官報』昭和6年2月25日）。同法を引継ぐ自然公園法第1条はこう言います。「優れた自然の風景地を保護するとともに，その利用の増進を図る」ことで「国民の保健，休養及び教化…生物の多様性の確保に寄与することを目的とする。」

　この2つの文は，同じ構造です。①「国民ノ保護休養」「国民の保健，休養及び教化に資する」という，望ましい人間（「国民」）状態と「外客誘致」「生物多様性の確保」の実現が，中心目的です。②そのために，「天与ノ大風景ヲ保護開発シ一般ノ利用ニ供スル」「優れた自然の風景地を保護」しつつ「利用の増進を図る」ことが，手段としての国立公園・自然公園です。そしてこれは，次のように理解されます。①人間（国民）が天与ノ大風景・優れた自然風景地の中に身を置く。②そして，山や水，新鮮な空気，植物や水族・動物等に接し，自然の一部としての自分・自分たち・人間の存在を身体的に感じ，関心をもつ。③それが人間（国民）の保護休養，保健・休養と教化（共通生活文化・コモンセンスの形成）という人間（国民）の望ましい状態を実現する。

　実際，国立公園等には，山伏修行，修験道の場が多いのです。山や滝などの自然や蔵王大権現等を信仰する山伏とは，山の中で寝食し，自然の一部としての人間が生きる技，知識，智慧を学び，創り，磨きながら，自分と人生を問い返し，施薬などで人々に多面的に奉仕する人々と生き方を指します。そこから，

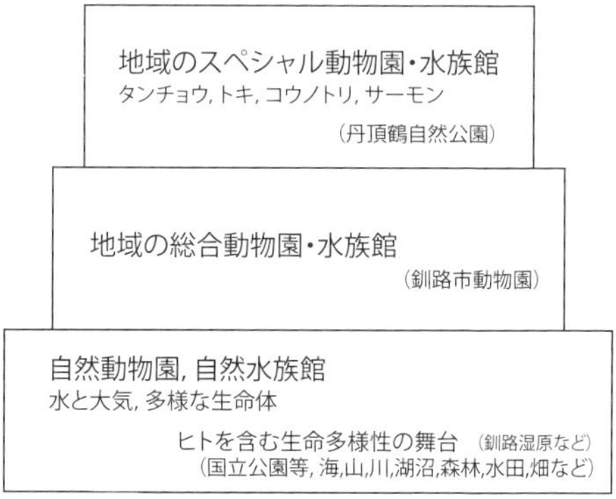

山伏＝先達が導く熊野詣，御岳講などの参詣や講も発達しました。山伏・修験道は，各地の人々の日常生活に根を張り全国網をもつので，明治政府に恐れられ1872（明治5）年の修験道廃止令で禁止されましたが，その地は国立公園等として復活しました。磐梯朝日（出羽三山），蔵王，妙高戸隠，日光，秩父多摩

図5-1　動物園・水族館の三層構造

甲斐（三峯，御岳，高尾山），富士箱根（富士山，箱根），中部山岳（立山），吉野熊野，大山，石鎚，英彦山，瀬戸内（国東）などです。そして自然公園では，棲息する丹頂，雷鳥，熊，岩魚，山椒魚などと出会うことも珍しくありません。

　このことと，先の法律等による動物園・水族館の位置づけとを重ねるとき，「動物園・水族館の3層構造」が導き出されますが（**図5-1参照**），釧路市の事例はこの3層をよく満たしていると考えられます。その第1層は，「自然動物園・自然水族館」です。そこには，水や大気があって，微生物や植物，昆虫，甲殻類，魚類，両生類，爬虫類，鳥類，人間を含む哺乳類等のさまざまな生命体が生きている，生命多様性（biodiversity）の舞台です。この舞台に住民・訪問者が立ち，その生物相を感じ，表現し，認識を補充・展開し，地球上の生物相の空間・時間的広がりの中で，自分（たち）を捉え直し，生きる意欲を増し，方向性を考える。この機能は，ビジターセンター，郷土資料館，水鳥湿地センター，○○ミュージアム，ガイドツアーなどで補強されます。

　第2層は地域の総合動物園・水族館です。これは，その地域に生息する「動物」「水族」の展示を中心とし，それを広域的な生命体の中に位置づけるタイプです。釧路市動物園，旭川市旭山動物園，千歳水族館，アクアマリンふくしま，新潟市水族館マリンピア日本海，葛西臨海水族園，すみだ水族館，マリンワールド海の中道，沖縄美ら海水族館など，多くの動物園や水族館が該当するでしょう。

　第3層は，地域の特徴的な動物・水族に特化した「地域スペシャル動物園・水族館」です。高崎山自然動物園，釧路市の丹頂鶴自然公園，佐渡市の朱鷺の森公園，豊岡市のコウノトリの郷公園，出水市のツル観察センター，標津町のサーモン科学館などです。各地のイワナやニジマス等の養殖＋釣り堀施設，地鶏の養鶏施設等も，解説機能を伴えば，この種の水族館，動物園となりうるでしょう。

　なお，農商務省から宮内省へ所管が変わったという歴史をもつ東京都恩賜上野動物園等には，広く世界の動物等を収集，保存・育成，研究，展示するという性格がありますが，地域性の視点からは，ゾーン設定における東アジア地域重視もありうるでしょう。

　株式会社系の「サファリパーク」類の場合，展示動物の珍奇性だけが重視され，系統や生息環境，食物連鎖や生態系等が弱い所もあります。公立系施設にも，立地地域の動物・水族の展示が弱く飼育員等の好み中心の展示の所も散見されます。これは，自然公園法等の要請に対応していない例といえます。

● 第3節　住民の福祉を増進する地域自然動物園・水族館教育
——地方自治法からの要請

　2つめの系統は，公立の動物園・水族館の設置者である地方公共団体に関する地方自治法です。同法第1条は，「地方公共団体は，<u>住民の福祉の増進を図ることを基本</u>として，<u>地域における行政を自主的かつ総合的に実施する役割を広く担う</u>」と述べています。この「住民の福祉の増進」には，次のことが含まれます。① 生命，生活，産業，自然，文化，能力の発達・展開と教育。② 自分にかかわることについての自己決定の権利と能力。③ 人々の間での交流と相互協力。④ 必要な物資・資金や時間と空間の豊かさ。

　この文脈で，動物園・水族館教育に対して，地方自治法は，動物・水族の展示を軸にしつつ，次のことへの視野拡大を要請しています。① その地域の自然全体，生態系，食物連鎖との関係。② 地域の人々の暮らしや多面的な産業との

関係。③ すべての住民が生命体として尊重されながら協力し合い，すべての生命体・細胞が可能な限り自己展開できる地域づくりの歴史的振り返りと将来設計。④＆⑤ これを基礎とする連携による国内・国際的ネットワークによる地球づくり（図5-2参照）。ここには，

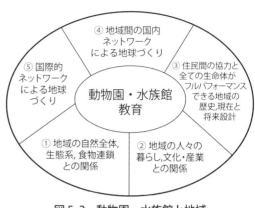

図 5-2　動物園・水族館と地域

2022 年に新潟市・出水市が認定されたラムサールシティ（ラムサール自治体認証）とマリンピア日本海等との関係も含まれます。

第4節　実際生活に即する「教養」を高め，「人格の完成」を目指す生涯学習
　　　　——博物館法，社会教育法，教育基本法からの要請

(1) 一般公衆が行う調査研究・発表への支援〜博物館法の要請

　第3の系列の中心である博物館法第2条は，「博物館とは，歴史，芸術，民俗，産業，自然科学等に関する資料を収集し，保管（育成を含む。以下同じ。）し，展示して教育的配慮の下に一般公衆の利用に供し，その教養，調査研究，レクリエーション等に資するために必要な事業…，これらの資料に関する調査研究をすることを目的とする機関」だと言います。ここでいう「自然科学等」に関する資料を「保管（育成）」するものが，動物園・水族館だと解されます。

　注目されるのは，「一般公衆」が調査研究の主体だと想定されていることですが，第3条「博物館の事業」も，市民の自主的な研究等への支援を位置づけています。「一般公衆に対して，博物館資料の利用に関し必要な説明，助言，指導等」を行い，「研究室，実験室，工作室，図書室等」を設置して利用に供し，「講演会，講習会，映写会，研究会」等の「開催を援助」する。

(2) 実際生活に即する文化的教養を高める環境醸成～社会教育法の要請

博物館法の上位法は，社会教育法 (1949年) と教育基本法 (1947年) 等です。社会教育法には，「社会教育」の理念についての前半と，公民館についての後半があり，この後半と同じ位置づけで，図書館法 (1950年) と博物館法 (1951年) が制定されました。この前半部分が，「この法律は，社会教育法…の精神に基き」(博物館法第1条) という「社会教育…の精神」を示すものといえます。

その社会教育法は，「精神」をこう述べます。「国及び地方公共団体は…社会教育の奨励に必要な施設の設置及び運営…その他の方法により，<u>すべての国民があらゆる機会，あらゆる場所を利用して，自ら実際生活に即する文化的教養を高め得るような環境を醸成する</u>ように努めなければならない」(第3条)。

ここでも，①国民「<u>自ら</u>」が「文化的教養を高め」る主体だと宣言しています。2つの事情がありました。ひとつは，社会教育法起草者の寺中作雄が，ナトルプ『社会的教育学』やデューイ『学校と社会』の影響を受け「自己教育・相互教育」を合言葉とする，大正期以降のリベラル派の文部・内務官僚の一員だったこと[2]。もうひとつは，朱子学の「修身」(自分を育て鍛える) が東アジアの共通教養だったことです。②「あらゆる機会，あらゆる場所」の利用ですが，日常生活での「事上錬磨」つまり OJT を基本とし，同時に非日常的な施設等での展示，調査，研究などで学ぶことを意味しています。③「実際生活に即する」とは，「国民」が自らの日常生活を維持・改善するのに必要な事を軸とすることを意味します。④「文化的」とは，「文」＝非武力的方法で「化」＝共通の生活様式を創ることへの決意の表現で，『孟子』が典拠です。「強兵」を国是とした「大日本帝国」による侵略が自らの国家の破滅を招いたことへの反省があります。

そこであらためて，⑤「教養」ですが，単純に言えば，「教」＝先達が未熟な人の能力を引き出し一定水準までに引き上げて，「養」＝育てることを意味します。しかし事はそう単純でもありません。「教養主義」「論語読みの論語知らず」とも言われるように，書物などによる情報を含みつつ，そこに「深さ」と「広さ」と「現実性」がある賢人・哲人 (sage) を構成する能力の総体が教養だと，人々は直感しています。事実，江戸時代以降，朱子学的な視点が加わり，一人

ひとりが，自ら認識と行動の能力を高めるために自分自身を磨いていくプロセスを自ら辿る能力を養うことが教養だと理解されてきました。それを見てみます。

宋代の儒学者・朱子の『大学章句序』に，「格物，致知，誠意，正心，修身，斉家，治国，平天下」（朱子の八条目）があります（**図5-3**）。八条目は3部分からなりますが，第1は認識過程です。① 具体的なものと取り組み，五感等で感じ，過去の自分（たち）の体験，経験と擦り合わせて認識する（格物）。② 格物が多面的な「知る」機能，認識システムをフル回転・更新させ，認識が広がり深まる（致知）。③ 致知が，可能・不可能をより分け，実現可能で好ましいこと「誠」を伝え，それをやり遂げる意欲を生む（誠意）。④ 誠意が自分（たち）や他者，自然・文化・社会的環境への働きかけへの志を定める（正心）。

⑤ 第2部分は，第1の認識過程と第3の実践過程を結び，各々が適切な実行されるよう，日々，自分自身を育て鍛えることを実践すること（修身）です。

第3部分の実践過程は，まず，⑥ 日常実践行為の基盤である，家族における人と人との適切なつながり，助け合いや「愛 敬」，家計，家業等のビジネスを安定軌道に乗せること（斉家）。⑦ 斉家を基盤とする家族・親類や経済組織等の集合体としての地縁・血縁共同体や国家等を安定的に維持発展させること（治国）。⑧ そしてこれらをふまえつつ，天下すなわち世界・地球の安定のために自ら実践する（平天下）ことです。

この八条目を知識，技能，智慧との関係で五項目に整理します。① 物事と物事の繋がり，類似の物事や原因結果認識としての「知識」，② 物事に対処する「技能・技術」，③ 使用可能な技能・技術の組み合わせ等による変化する状況への適切な対処方法への

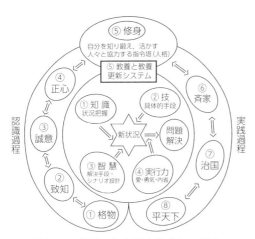

図5-3 朱子の八条目と教養システム

判断力としての「智慧」，④愛と勇気と内省からなる「実行力」，⑤これらを，日常生活に立脚しながら，不断に補充し活用し，磨いていく更新システム（図5-3）。

　世間では「知識偏重はいけない」とされますが，そこには「情報」と「知識」の混同があります。関連して，competence, competency（臨機応変の協同力）が「資質・能力」と誤訳され「21世紀型学力」と喧伝されていますが，そこには教養論とリテラシー論の欠如という問題があります。[3]

　八条目や教養更新の五項目をふまえると，動物園・水族館での「実際生活に即する文化教養」を「自ら高め得る環境を醸成」は，次のようになります。①可能な限り生息環境に近い状態での動物・水族の展示で，驚きや喜びが得られる。②展示生物の系統，食物連鎖・生態系，生命体の基礎構造としての細胞，ヒトを含む地球生命体の進化過程，地球生命体存続の前提である水や大気等への関心が引き出される。③人と生命体世界との対話様式としての食・衣服等の文化と産業，逸脱による環境汚染の問題性，地球生命体の一員としてのヒトの行動の適否の探求。④人と他の生命体が調和的に生きる地球作りが奨励される。⑤これらが家族・親類・学校・地域・職場・サークル活動の人々など，身近な人々とともに体験・探求・経験化・実践される。⑥そのために，地域での連携，地域づくりが進められる。⑦地域ネットワークを基盤に，国家が再創造され，地域・世界国家連合，地球規模ネットワークへとつながる。⑧この中に，動物園・

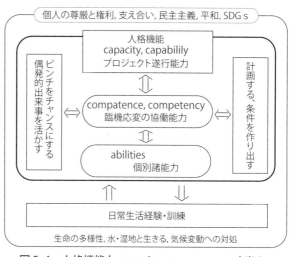

図5-4　人格機能と capacity, competency, abilities

水族館関係者をふくむ個々人の自分史・内省活動があり，自分の能力の発揮・修得の自律性と他の人々との共同性が進められる。

(3) 人格の完成をめざす生涯学習～教育基本法の要請

　ときに社会教育法の上位法・教育基本法第1条「教育の目的」は，教育は「人格の完成を目指し，平和で民主的な国家及び社会の形成者として必要な資質を備えた心身ともに健康な国民の育成を期して」行われるべきと言います。

　一般に，人格とは変化する状況への適切な対応のために，自分自身を制御する統覚機能を指します。八条目の修身，教養更新システム，capacity，私が述べた五項目では⑤「教養と教養更新システム」の機能です。

　教育基本法が「人格の完成」を「平和で民主的な国家及び社会の形成者として必要な資質を備えた心身共に健康な国民の育成」と関連づけているのは，弱肉強食の帝国主義時代への批判精神抜きの，視野の狭い「教養」「人格」への反省があるからです。それは，日本内外の人々の生命と暮らしの破壊や，上野動物園等での「戦時猛獣処分」にも加担しました。この歴史的体験を現代に活かすならば，戦争の停止・防止とともに，食物連鎖・生態系を前提とした，ヒトも含めた地球のすべての細胞・生命体のフルパフォーマンス可能な状態を実現していくことも視野に入れた「文化的教養を高める」「人格の完成」になります。そしてこれは，SDGs推進と軌を一にします (図5-4)。

　ところで，現行教育基本法は「学校教育」「社会教育」を包摂する上位理念として，learning＝探求を含む「生涯学習 (lifelong learning)」を設けています。つまり，「社会教育」と「学校教育」が互いの教育成果を反映させ合うことを要請しているのです。

　翻って，「社会」における教育は人類誕生以来ですが，「学校」の普及は近代以後で，市場経済，契約社会，科学技術化等に伴って外部記憶装置としての文字・記号やそれを媒介とする「知識」の普及・活用・創造のためにつくられました。そして，文字・記号・知識には内部法則があるので，学校での教育には，人々の実生活や教養・人格の全体性から乖離し，教養・人格を矮小化する傾向

があります。

つまり，学校でのいわゆ
る「勉強」への一所懸命さ
は，自然世界や人間社会，
自分自身や自分に関係する
人々の暮らし，人生の全体
像を把握しづらくする弱さ

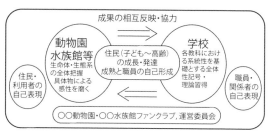

図5-5　動物園・水族館と生涯学習

を内包しています。この点では，「実際生活に即する文化的教養を高める」こと
に主眼を置きつつ「人格の完成」をめざす社会教育の方が，自然界や人間社会，
そして自分自身についての全体的把握に近づきやすい特性をもっています。

そこで，生涯学習の一環としての動物園・水族館教育は，学校の各教科では得
にくい人体，人生，生態系等の全体性の把握という長所を学校に提供し，基礎的
原理的な情報・知識の創造・習得を学校に対して求める必要があります（**図5-5**）。

動物園・水族館のリピーターは子どもと思われがちですが，生涯学習の視点
からは，若者〜高齢者の憩いと学びの場になることも大事です。親子，祖父母・
孫とともに，老夫婦等が一緒に来園する光景は，動物園・水族館訪問が一人一
人の人生にとって母港・寄港地である光景ともいえるでしょう。この点で，2001
年制定の文化芸術基本法の精神にも基づくべきだという文言が，2022年に博物
館法に加えられたことは，動物園・水族館教育において，文化芸術作品との関
連づけ，利用者の文化芸術表現活用の促進を応援するものといえます。

まとめ

自然公園法施行令と都市公園法は，① 地域自然動物園・水族館動物園・水
族館，② 地域の動物・水族を軸としながら関連地域，世界へと視野を広げる地
域総合動物園・水族館，③ 地域の特定の動物・水族に焦点を絞った「地域特定
動物園・水族館」という動物園・水族館の3層構造を求めています。同時に，
人間（国民）が自然の中で，地域の動物・水族等および関連展示等と接して，食
物連鎖と生命の多様性の中にいる自分たちを感じ，各地域の動物・水族の世界・

地球的な広がりへと視野を拡大する。その支援を求めています。

　「住民の福祉の増進」の視点から，自然と人間とが調和した社会の担い手として住民が育つよう，地方自治法は動物園・水族館教育に要請しています。

　博物館法，社会教育法，教育基本法は，① 何よりも，「一般公衆」「国民」を認識と実践と内省の主体として位置づける。② 実際の動物・水族との出会いによって，それまでの体験，認識との関係で，驚きや喜び，知的好奇心，文化的芸術的表現・鑑賞欲求が生まれる。③ 地球の成り立ち，動物の進化とその系統，食物連鎖，生態系とそこでの人の位置や暮らし，人もふくむ生態系の維持・回復の見通し探求と，④ 実践への決意，⑤ 身近なところからの地域・企業・国・地球づくりの実践を共有し，⑥ 関連の文化芸術作品に接し，文化芸術も含む自己表現を通じて自分自身やその認識・実践体験を経験化する主体としての能力を不断に磨いていく。⑦ これを日常生活に根ざして行うことで，「実際生活に即する文化的教養を高め」，自分（たち）自身による自己教育・相互教育能力に焦点を当てることで「人格の完成を目指す」ことになります。

　こうした関連法からの要請は，動物園・水族館教育の実際からかけ離れた絵空事と映るかもしれません。しかし，仮に生命多様性やSDGsを考えるとすれば，動物園・水族館の視野・視点も拡がり深まることになるでしょう。また，一人一人が自分自身や地域・地球の主人公になることを「住民の福祉の増進」と考えるならば，「実際生活に即した教養」「人格の完成をめざす」ことは必須と言えるでしょう。そして，これらの視点から動物園・水族館教育の実践を検討することは実定法と世の実際に照らして意義深いことではないでしょうか。

注

1) 青木豊（2015）「博物館における教育としての展示の必要性」（pp.56-75），井上由佳（2015）「博物館と教育そして社会における役割」（pp.34-35）（鷹野光行他編『人間の発達と博物館学の課題』同成社）.

2) 笹川孝一（1980）「戦後民主主義と社会教育」碓井正久編『日本社会教育発達史』亜紀書房，pp.251-294.

3) 笹川孝一（2014）『キャリアデザイン学のすすめ』法政大学出版局，参照。

補論 1
動物園・水族館とエコツーリズム

松本大学准教授
（日本エコツーリズムセンター共同代表）　中 澤 朋 代

松本大学専任講師　田 開 寛太郎

　ここでは，観光の中でも「エコツーリズム」の視点から，動物園・水族館が環境教育の提供施設として期待したい考え方や役割について述べます。

第1節　エコツーリズム概念の変遷と博物館の役割

(1) 観光におけるエコツーリズムとサステナブルツーリズム

　人類の文化的行動といえる観光は 20 世紀以降，劇的に変化してきました。我が国では江戸時代の関所のような人の移動に対する社会制限が減少し，戦後に余暇を楽しむ観光が一般化しました。それは世界でも同様で，2017 年の UNWTO（世界観光機関）の報告によると国際観光客数は 1950 年が 2,500 万人，以後マスツーリズム（大衆観光）が興隆し，2000 年には 8 億 8,800 万人にも達しました。2020 年には 14 億人，2030 年では 18 億人と，世界中の観光客数は右肩上がりでさらなる増加が予測されています。2020 年以降の感染症パンデミックの影響で，2021 年は約 4 億 1,500 万人（UNWTO，2022 年報道発表）[1]でしたが，今後感染症との向き合い方が変われば，いずれ回復していくことが予想できます。

　こうした観光客増加の過程で，1970 年代に世界で自然回帰の運動と併せて，南米のツーリストがごみ等を持ち帰る自己完結型のエコツアーという用語を使い始めました[2]。その後，自然環境への負荷を考慮した旅の考え方をエコツーリズム，配慮したツアーをエコツアーと呼ぶようになりました。エコツーリズムは個人や団体レベルで旅行先への負荷を減らす，言わばマスツーリズムの代替の観光形態として注目され，続く 1980 年代に提唱された持続可能な開発概念とかかわりながら，サステナブルツーリズムとその理念を重ねていきます。自然

環境を守るために必要な地域の理解，地域経済の発展，文化風習との関連など，自然環境保全には人間社会における広義の活動での取り組みが重要だとしてSDGs に関連づけた議論が進んでいます。なお，この補論ではグローバル基準に従い，ツーリズムと観光は同義語として使用します。

(2) 社会教育施設としての動物園・水族館

　日本の社会教育施設は地域に根差し，その中でも博物館 (美術館・科学館・動物園・水族館・植物園等) は観光やレジャー施設の性質ももちながら，学校教育と社会教育の受け皿となってきました。特に動物園・水族館には，江戸時代の見世物，戦後の復興期の象徴，小さな子どもと保護者の余暇など，現在に至るまでに社会の多様なニーズに応えてきた歴史があります。博物館がこうした多様な受け皿をもつならば，今後の運営についても，取り組みのバランスの在り方が重要な課題となります。

　現代の成熟した都市社会においては，自然と人との身近な接点として動物園・水族館が期待されます。それには，遠くの自然を切り取った展示または生物種そのものを紹介する展示を，訪問者の自分事につなげるしかけが重要です。展示生物を通して自分の住む世界を知る，つまり，「自然と私」というような地域の生態系と自身のつながりを知るきっかけとなるエコツアーや学習を，観光やレジャーを含むさまざまな来訪者に対して，博物館が意識的に提供していくことです。次の第2節では，動物園・水族館の事例を通して考えてみます。

［中澤朋代］

第2節　「食」を通した感動体験の創造

(1) 動物園・水族館が果たす役割

　動物・水族は長い歴史の中で，「食う―食われる」の関係をもとに進化し，多様な種に分化し，それらの結果が，現在の姿かたち，行動をみせ，生息地となって現れます。[3] その意味では，動物園・水族館は博物館の中でも，生きものを収

集して展示する文化・教育施設として，進化の背景も含めていのちの大切さを
伝えるうえで「食べる」という行為を無視できない特殊な場所であるといえま
す。特に飲食は1日3回必要とする人が多い中で，観光施設としても必要不可
欠な要素となり，それ自体が観光の目的となる場合も少なくありません。

　「食べる」ことを意識した動物園・水族館のユニークな取り組みの一例として，
福岡県「福岡市動物園」では，週末限定でジビエ料理が提供されるそうです。
インタビュー記事を見ると，動物園での食事には生命の循環や大切さをはじめ，
鳥獣被害に目を向けるきっかけにもなるといった教育的・社会的な意味がある[4]，
とレストランの経営者は語っています。ほかにも，福島県「アクアマリンふく
しま」では，大水槽を泳ぐ魚を眺めながらお寿司を堪能することができます。そ
こでは水族館におけるSDGs達成に関連させて，「世界人口増と海洋資源の持続
可能な利用」の課題を伝えることにも役立っている，と考えられます。

　このように動物園・水族館は「食」を通して，ここでしかできない体験を後
押しするとともに，観光客に対して豊かな体験を付与する役目を担うことがで
きます。改めて考えると，動物園・水族館は，生きものを「見せる」ことを意
識して施設をつくり運営しているといえますが，視覚を含む味覚・嗅覚・触覚
といった特殊感覚を通して，「魅せる」ことに特化した文化・教育施設でもあり
ます。言い換えれば，一方的な知識や情報を押し付けるのではなく，来館者の
あらゆる感覚を必要とした直接的な参加や体験が重視されるべきです。

　そうした感動体験の創造を通して，野生や自然に対する私たちの考え方や態
度が変わることもあり，動物園・水族館における「食」をテーマとした取り組
みは，心を動かすような効果的な学習効果をもった環境教育の機会としても重
要な役割を果たしているといえます。

(2) 事例紹介—鶴岡市加茂水族館の取り組み

　エコツーリズムという旅行形態には，歴史を含めた自然や文化的資源の魅力
を観光資源として掘り起こし，それらを地域の魅力として生かし観光客に伝え
ることが求められます。そして，エコツーリズムを実践するためには，さまざ

まな主体の連携協力が不可欠であるということは言うまでもありません。「食」を通した感動体験の創造には，料理を提供する飲食店や行政の役割は少なくなく，こうした点を念頭に置いて山形県鶴岡市にある水族館を紹介します。

鶴岡市立加茂水族館は，クラゲの展示で全国的にも知られていますが，料理を通して地域の歴史や

写真1　現代北前船料理
出典：2022年9月13日筆者撮影

食文化を伝えようとする取り組みが特徴的です。館内レストラン「沖海月」では，庄内浜で獲れた地物鮮魚を使い，季節ごとの旬の食材を使った限定メニューなどを提供しています。代表的なメニューのひとつ現代北前料理は，鱧をテーマに，郷土料理や在来作物を盛り込むことで，かつての北前船がつないできた和食文化を発信しています（写真1）。須田剛史料理長は，「食の逸話とともに記憶に残る料理を提供したい」と話し，そして「鶴岡にしかない食文化をどう表現するか，そしてどう残していくのか」を追求していると言います。こうした想いは，「四季折々の旬の恵み，先人たちの知恵と情熱によって培われた鶴岡市独自の食文化」を継承しようと，世界的に躍動する「ユネスコ食文化創造都市鶴岡」の基本理念に共感しているといえます。

また，鶴岡市はSDGs未来都市に選定されており，加茂水族館は「つるおかSDGs推進パートナーパートナーシップ」登録団体として，さまざまなSDGsアクションを掲げています。その中のひとつ

写真2　地魚に関する展示
出典：2022年9月13日筆者撮影

に「レストランでの地産地消」があることからも，沖海月の取り組みは SDGs
達成にも大きく貢献してきました。水族館内の展示物に注目してみると，例え
ば，持続可能なサケの利用をテーマとした展示からは，サケの生態や人工ふ化
の取り組みをはじめ，庄内とサケの歴史，貴重な栄養源，交易品としての重要
性まで幅広く読み取ることができます。また，「魅せる」工夫として，飼育員と
レストランが連携協力して，冬になると伝統的なサケ加工品「しょんびき」の
実物を展示したり，さらに季節限定のメニュー開発も行っているそうです。ほ
かにも，四季を代表する地魚を紹介するとともに，魚の旬に注目して多彩な料
理レシピが展示されていることにも驚かされます（**写真 2**）。　　　　［田開寛太郎］

第 3 節　観光行動に散りばめられる環境教育

　これらの事例から，自身が生態系の中に存在し，生きていることを理解する
体験は，施設を通して訪問者が自分事として捉えることを促します。さらに「観
光」は，「国の光を観る」という易経の言葉に由来する，移動を指す「旅行」と
異なる概念であり，日常にも存在し得ます。住民が近くの動物園・水族館に行
き，よく観ることで観光行為は成立します。そして隣で鑑賞している人が，異
なる環境や文化に暮らす遠方の訪問者であって，その違いに驚き，感動する姿
を見れば，身近な日常にある価値に気づくことができます。動物園・水族館に
おける観光行動には，元来こうした自発的な発見を促す機能や安全性が備わっ
ています。体験学習や参加型展示，鑑賞交流等，環境教育で重要視する「気づ
き」の機能を意図的に仕掛けることができれば，訪問者にとっては動物園・水
族館が無意識にはじまる環境教育の場となり，施設運営者にとっては積極的な
環境教育の舞台となります。
　加えてこれまでの展示は，外国の大型哺乳類など地域住民や国内観光客の目
を引く生き物が広告塔になりましたが，グローバルな訪問者にとってはその地
域固有の生物の生態や，食生活と文化における利用法，自然資源の伝統的な持
続的活用法の解説というものが，地域立地を生かした観光として価値となりま

す。さらに，動物園・水族館の立地は半数以上が郊外にあり，地域の自然環境を包含して位置していることも見過ごせません。加茂水族館のように，地域の生態系と食生活と文化を体験して解説する取り組みは，エコツーリズムそのものです。観光資源はあるものでなくつくるもの。観光施設の立場からも新たなニーズを開拓し，展示資料を地域と協同してつくる拠点なのです。

　観光は楽しい行為ですので，動物園・水族館でお勉強しようと気負いすぎず，むしろ生き物たちとの出会いを楽しみにやって来たら，知らず知らずのうちに生き物や環境について学んでいる，という学習ぽくない「学びの動機づけ」の役割りが重要なのかもしれません。もちろん，深く学びたくなった人には，研究機関として本来の専門的機能を惜しみなく提供できるので，リピート訪問できる施設として，観光客にも地元住民にも，継続的な学習拠点となり得ることは変わりありません。　　　　　　　　　　　　　　　　　　　　　　[中澤朋代]

注

1) UNWTO（2017）Tourism Towards 2030: Actual trend and and forecast 1950-2030, Tourism Highlights.

2) 海津ゆりえ（2011）「エコツーリズムとは」真板昭夫・石森秀三・海津ゆりえ編『エコツーリズムを学ぶ人のために』世界思想社，pp.21-33.

3) 成島悦雄（2011）「これからの動物園」成島悦雄編『大人のための動物園ガイド』養賢堂，pp.219-229.

4) ジビエト「週末限定でジビエ料理を提供。動物園のレストランへ『カフェ ラソンブレ』福岡県福岡市」，https://gibierto.jp/article/shops/restaurants/4971/（2022年9月12日最終閲覧）.

第2部

ポストコロナ社会における
動物園・水族館教育

視点Ⅱ

ポストコロナ社会における動物園教育

千葉市動物公園職員　**髙 橋 宏 之**

　保全教育（Conservation Education）[1] は動物園や水族館にとって長年，中核的な役割を担ってきました。しかし，これまで正式に統一された世界的な戦略アプローチはありませんでした。そこで，世界動物園水族館協会（World Association of Zoos and Aquariums，以下 WAZA）は国際動物園教育者協会（International Zoo Educators Association，以下 IZE）と連携し，世界中の動物園や水族館の指標となる保全教育戦略を打ち立てることとしました。筆者は 2021 年 9 月末までの 5 年間，IZE の「北部ならびに東南アジア地域理事」として，保全教育戦略の作成に携わってきました。視点Ⅱでは，この保全教育戦略の経緯や内容について取り上げ，ポストコロナ社会における動物園教育を考えます。

第 1 節　WAZA／IZE による『世界動物園水族館保全教育戦略』

　2005 年の『世界動物園水族館保全戦略』を皮切りに，これまで WAZA はさまざまな戦略を発表してきました。2015 年には『動物福祉戦略』を，2020 年には『持続可能性戦略』を刊行，動物園の運営における動物福祉や持続可能性の重要性が強調されました。一方，世界中の動物園・水族館の教育的影響力を拡大することを目的としてきた IZE は，動物園水族館の活動における保全教育の重要な役割を強調し，2020 年に WAZA と協働で『保全教育戦略』を発行するにいたりました。これにより，WAZA は動物園・水族館が「保全」「動物福祉」「持続可能性」「保全教育」という 4 つの柱によって相互に支え合っていることを示し，これからの動物園・水族館を自然環境保全に向けた人々の社会変容，社会変革へと誘う「自然への扉（ゲートウェイ）」であると位置づけたのです。

　それではここで，WAZA と IZE との協働で 2020 年に発行された保全教育戦略，『保全のための社会変革—世界動物園水族館保全教育戦略』（Social Change for Conservation - The World Zoo and Aquarium Conservation Education Strategy）についてみていくことにしましょう。全部で 8 章にわかれています（以下ページ数は，英語

版，日本語版共通）[2]。

① 第1章「(動物園・水族館における) 保全教育文化の構築」

「個々の園館と世界の動物園水族館コミュニティの中で質の高い保全教育の文化を構築する必要があること」を述べています (p.13)。「保全教育の文化を構築する」ためには，動物園や水族館が「保全教育計画書」を作成し，それに基づいて保全教育を実施することが大切です。保全教育計画書を設計する背景となる教育理論を示したり，古くから伝わる地域固有の知見や文化との関連性を大切にしたりすることが不可欠で，地域固有の文化の多様性が生物多様性の保全を図る基盤となることを示しています。

② 第2章「動物園・水族館へ保全教育の多様な目的を組み込む」

保全教育の対象者が保全活動への意欲を高め，実行に向けて動いていけるように，その核となる保全教育の目的について解説しています。その目的の中心は，「人々が種や自然界に対してどのように考え，感じ，行動するかを変えること」(pp.26-27) だと言及しています。保全教育では多くのトピックやテーマを扱うことから，来園者に多くの情報や事実を提供するという従来のやり方から脱却し，さまざまな目

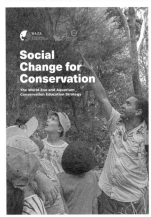

『世界動物園水族館保全教育戦略』英語版と日本語版 (2020年)
(日本語版製作　公益社団法人日本動物園水族館協会・事務局)

的 (認知，効果，行動，ひらめき，技能)[3] を設定することが大事だと述べています (p.28)。

③ 第3章「誰一人取り残さない保全教育の推進」

動物園や水族館がさまざまな動物園利用者に届く施設であることを認め，多様性があり，公平で，利用しやすく，包括的な組織であることが重要だと述べています。つまり，さまざまな動物園利用者のニーズと多様性に見合うように，保全教育プログラムではさまざまなやり方を提示できるとし，「人々が保全について学び，参加する機会を，動物園施設内，施設外，そしてオンラインで拡大すべき」(p.36) だと述

べています。

④ 第4章「保全教育における適切なアプローチと方法の適用」

　動物園や水族館での保全教育において，動物園利用者が意識を高め，人々を自然に結びつけ，環境保全のための行動を動機づけられるような，エビデンス（根拠）に基づいたアプローチ（働きかけ）を進めることが重要だと述べています。特に「生物多様性の保全は複雑で多次元的なものであるため，動物園水族館は，生物多様性，環境，保全のための社会的変化をさまざまな視点から探求するアプローチと方法を用いるべき」だと主張しています (p.47)。つまり，自然科学だけでなく，社会科学，人文科学等，さまざまなアプローチによる参加型学習の機会を提供することが大事なのです。

⑤ 第5章「保全教育と動物飼育・動物福祉との統合」

　「保全目的を達成すると同時に，動物福祉に積極的な状態をサポートするもの」(p.52)としてWAZAが『動物福祉戦略』の中で用いた「保全福祉」(Conservation Welfare)を推奨しています。さらに，保全教育の成果を達成しつつ，肯定的な動物福祉状態を支援する意味で「教育福祉」(Education Welfare)という用語を提示しています。保全教育と動物飼育・動物福祉との統合こそが，「種と生態系の持続可能な未来を築くために，保全における社会的変化の大きな力」(p.57) となると主張しています。

⑥ 第6章「保全教育における保全と持続可能性の優先順位付け」

　「保全教育は，緊急かつ複雑な保全・環境問題に対する行動上の解決策を推進する

2022年10月にスペイン・バルセロナにあるWAZA事務局で撮影。左から右へ向かってCEOのMartín Zordan氏，メンバーシップ担当ディレクターのJanet Ho氏，著者，管理アシスタントのEmma Burke氏，コミュニケーションアシスタントのLinde de Nijs氏。写真には写っていないが，他に動物福祉・保全コーディネーターのPaula

WAZA 事務局にて

Cerdán氏ならびにコミュニケーションコーディネーターのTania Kahlon氏がおり，総勢6名で世界の動物園水族館の発展向上に向け，日々取り組んでいる。

社会運動を促進する機会を優先すべき」(p.60) とし，国連の持続可能な開発目標
（SDGs）を認識し，種や生態系，地域の持続可能な未来の構築への貢献が動物園・水
族館にとって重要だと述べています。

⑦ **第7章「保全教育における研修と専門家育成の最適化」**

「保全教育における訓練や専門的な開発のための幅広い機会を提供し，支援するこ
と」(p.66) が大切だと述べています。動物や植物，種の保全にかかわる仕事を希望
している人の保全科学能力を高めたり，地元の野生動物や地域社会，自然界のため
に自分の役割を果たしたいと思っている個人や地域に訓練の機会を提供するなど多
岐にわたる，と言及しています。

⑧ **第8章「動物園・水族館の保全教育価値を示すエビデンス強化」**

保全教育戦略が「動物園や水族館による保全教育の貢献，価値，影響の証拠を強
化するための研究過程」(p.13) に焦点を当てていると述べています。社会調査や評
価を保全教育の戦略的計画と運営に組み込む重要性を掲げています。社会調査や評
価などを通して，対象者はもちろん，自然界について考え，感じ，行動するうえで，
保全教育がどのような影響を与えているかを，動物園や水族館はより深く理解する
ことが大切なのです。

第2節　コロナ禍による動物園教育の危機とレジリエンス

2019年に新型コロナウイルスが発生し，これによる災禍が瞬く間に世界中に拡大
しました。国によってはロックダウンが行われ，動物園や水族館も閉園を余儀なく
されました。日本でも，やむなく閉園した動物園・水族館が少なくありません。コ
ロナ禍によって，来園者への直接的な対面活動もキャンセルされました。飼育係に
よるキーパーズトークや，学校へ赴く出張授業，学芸員実習や飼育実習，獣医実習
といった学生を直接受け入れる実習プログラム，園内で行われてきたさまざまな対
面での教育プログラムがことごとく実施できなくなりました。こうしたなか，どの
ような対策を講じていったのかをみていきましょう。

(1) 職員のモチベーションをいかに保つか（海外と日本との共通点と相違）

職員同士での間でもコロナ禍の対策が実施されました。ある動物園では，これま

ですべての部署が一つのフロアで机を並べていたところ，飼育関係を3つの部屋に分けることにしました。飼育係は2名でペアを組んだり，複数人でグループを組み，互いをカバーする体制がとられています。部屋を分けることで，ペアの二人とも，あるいはグループ全員が同時に罹患し，飼育担当者がいなくなるのを避けたのです。それでも同時に罹患した場合には，他の飼育部署からカバーに入るという，いわば，二重三重の対策がとられました。

　しかし，これにより，飼育係同士のコミュニケーションが取りにくくなりました。ふだんなら気軽に話しかけられる昼食時間も"黙食"となりました。これは，飼育係にとってモチベーションを下げることになりかねません。そこで，いかにモチベーションを下げずに仕事を続けるかが重要な課題となったのです。

　一方，海外，特に欧米の動物園のように飼育部門と教育部門とがはっきりと分かれている施設と日本のようにはっきりと分かれていないところが多い施設とでは，職員の在り方が大きく異なりました。飼育部門はエッセンシャルワーカー（動物たちの生命を預かる，長期にわたって休むことのできない業務）となるため，コロナ禍でも仕事を続ける必要があります。ところが，海外の動物園のように教育部門がはっきりと分かれている施設では，教育部門スタッフはすべて在宅勤務へ，最悪の場合は雇止めとなり，教育担当者には過酷な時期となりました。ディスコミュニケーションを防ぐため，IZE ではオンライン上での学びの機会（ウェビナー）や気軽に意見交換できるコーヒーチャット（Coffee Chat）の時間を随時設け，世界各地の教育担当者の実情を探ったり，モチベーションが下がらぬように下支えする活動を地道に展開したりしてきました。

(2) 課題克服の第一歩～オンラインでの学び～

　出張授業ができなくなった代わりに行われるようになったのが，オンラインによる授業です。これまでは，直接，現場の飼育係が小学校へ出向いて授業を行う出張授業が盛んでした。しかし，コロナ禍によってそれができなくなると，代わりにどのようなことができるのかが話し合われました。そこで登場したのが，オンラインによる授業です。教育委員会を通してオンライン授業を行う旨を各小学校へ周知し，希望される小学校と電子メールを通して事前の調整を行います。次に，オンライン上で事前にリハーサルを行います（画像や映像がきちんと届くか，チャット欄が使用で

きるか，どのような形で授業を進めていくのか，授業内容はどのようなものか，など）。そして，リハーサルを無事終了してはじめて本番の授業を行うのです。このオンライン授業では直接学校へ赴いて子どもたちの反応を見ながら授業を進めるということはできないながらも，一度に多くの学校が参加し，授業を進めていけるというメリットがありました。

第3節　ポストコロナ社会における動物園教育

(1) 対面での学びとオンラインでの学びとの併用

　それでは，今後，ウィズコロナあるいはアフターコロナの時代における動物園教育はどのようになっていくのでしょうか。一つには，対面での学びの再開とともに，オンラインでの学びも継続されていくことが考えられます。

　動物園ではこれまで，実物を見たり触れたりすることによる効果を強調してきました。しかし，コロナ禍においてオンラインによる教育活動を実践していく中で，その意義を再発見したといっても過言ではないでしょう。例えば，これまで出張授業と言えば，一つの学校に出向いて実施してきたことが，オンライン授業では，一度に多くの学校に向けて授業を発信することができます。また，オンラインによって動物園から遠方の人々に対しても教育活動を実施することができます。例えば，井の頭自然文化園では，オンラインを活用して昆虫の観察を行う活動を行い，それによってふだん住んでいる地域の自然に目を向けてもらい，実際にそこへ出かけて，地域の昆虫を観察する機会につなげるなど，オンラインだからこそできる新しい取り組みに挑戦しています（「おうちで身近ないきもの観察」[4]）。動物（昆虫）の基本的な観察の仕方を動物園スタッフがオンラインをとおして丁寧に行い，それをもとに，親子で身近な庭や公園などに出かけ，そこに住む生きものの観察へとつなげていくことは，『保全教育戦略』第3章にある，動物園という現場はもちろん，オンラインを通じて「人々が保全について学び，かかわる機会を拡大」することにつながるのです。

(2) 3つの協働の再構築（学校，動物園同士，地域社会との協働）

　動物園は動物園という現場での教育活動はもちろん，オンラインを通じた新たな教育機会を得ることによって，学校，動物園同士，そして，地域社会との協働にお

ける新たな関係性を再構築しようとしています。

　例えば，第6章では，大牟田市動物園で展開している「オンラインにおける教育活動の実践」について詳細に語られています。大牟田市動物園では，「1.学校教育と連携した活動，2.独自の連続型オンラインプログラム，3.ライブ配信」がなされています。オンラインを通じたさまざまな教育プログラムを用意し，実践している様子を第6章で知ることができます。

　また，第7章では，沖縄こどもの国が地元の文化を継承し次世代につなごうとしている実践を知ることができます。つまり，動物園がプラットフォームとなり，地域社会とのつながりを重視することで，地域の文化を次世代へと持続可能な形でつないでいこうとする様子を見ることができます。これは，『保全教育戦略』第1章で強調する「古くから伝わる固有の科学，知識，文化の重要性と関連性」(p.21) の実践をまさに地で行く活動だといえます。文化の多様性を維持することは，生物多様性を維持することにつながります。

(3) 進化する動物園環境教育 (キーワードはコミュニケーション，支え合い)

　新型コロナウイルスの世界的な蔓延は動物園・水族館に大きな弊害をもたらしましたが，それぞれの園館はそうした逆境をバネに前に進もうとしています。

　『保全教育戦略』では，絶滅危惧種を救うことは，動物園・水族館利用者の大部分にとって重要な関心事ではないことを認識し，「人々は比較的遠い（空間的，時間的に）保全や環境問題よりも，身近な家族や友人に影響を与える緊急の問題に注目」すると指摘します。人々の「優先事項はより直接的な個人的，社会的，そして楽しみの結果に焦点を当てている」と課題をあげます。課題解決のためには保全と環境問題を，利用者の生活と結びつけ，利用者の優先事項の一部とすることが大切で，人々の考えや経験，彼らが知っていることや気にかけていることを理解，尊重することによって，動物園・水族館は利用者の生活により密着した保全教育を行えると述べています (p.40)。

　この戦略の執筆中に現れた課題は，パンデミックのために世界の動物園・水族館の多くが閉鎖された際，質の高い保全活動を広範囲の利用者にいかに提供し続けられるかであったと述べ，オンラインによる教育活動が現場サイドでの教育活動に加え，保全教育の展開に大きな助けとなっており，さまざまな人々をつなぎ，地域社

会へも働きかけられると指摘しています (p.40)。

　つまり，パンデミックによる閉塞感を打ち破るためにオンラインによる働きかけが利用者とのコミュニケーションを進めるうえで有用であり，また，職員同士のモチベーションを高め，支え合うことができることを明らかにしました。

　ポストコロナ社会における動物園では，施設内はもちろん，フィールドでの活動に加え，オンラインを通じてより多くの人々とコミュニケーションを図り，保全教育を展開し，人々の保全意識に訴え，互いに支え合いながら行動の変容を促す教育プログラムを創るべく進んでいくことでしょう。『保全教育戦略』はそうした動物園水族館教育の指針として位置づけられているのです。

注

1) 保全教育とは，「生物多様性の保全に関する人々の態度，感情，知識，行動に影響を与えるプロセス」をいいます（『世界動物園水族館保全教育戦略』p.84）。
2) 以下，本文中に掲げている各章の日本語タイトルは英語タイトルからの筆者の訳文であり，日本語版とは若干異なる。日本語版では次のとおり。「第1章　保全教育文化の構築」「第2章　動物園・水族館への多目的な保全教育の組み込み」「第3章　すべての人々のための保全教育の推進」「第4章　保全教育におけるアプローチと方法の適用」「第5章　保全教育における動物の管理と福祉の統合」「第6章　保全教育における保全と持続可能性の優先順位付け」「第7章　保全教育における訓練と専門能力開発の最適化」「第8章　動物園・水族館の保全教育価値の証拠の強化」(p.3)。
3) 「認知的目的」とは動物園水族館の保全への貢献についての知識や理解を深めること，「効果的目的」とは動物園水族館に対するつながりや態度，共感を育むこと，「ひらめき目的」とは種や自然界についての畏敬の念や驚き，創造性を促進すること，「行動目的」とは種や自然界を支援するうえでの環境配慮行動や擁護することの動機づけ，「技能目的」とは生物多様性保全にかかわる技術的，個人的な能力を向上させること (p.28)。
4) 「おうちで身近ないきもの観察「"虫の目"で大調査！」」https://www.tokyo-zoo.net/topic/topics_detail?kind=event&inst=ino&link_num=26801 (2022年9月30日最終閲覧)。

参考文献

WAZA/IZE (2020). *Social Change for Conservation - The World Zoo and Aquarium Conservation Education Strategy.*

WAZA/IZE (日本語版) (2020)「保全のための社会変革：世界動物園水族館保全教育戦略」公益社団法人日本動物園水族館協会。

第6章
オンラインにおける教育活動の実践

大牟田市動物園職員
（International Zoo Educators Association 理事）　冨澤奏子

第1節　オンラインにおける教育活動の分類

　コロナ禍前と比べ，現在ではオンラインツールを用いたさまざまな活動が実施されています。動物園においても，オンラインでの発信活動や教育プログラムが数多く行われています。本章では，そうしたオンラインにおける教育活動について取り上げたいと思います。筆者が勤務する大牟田市動物園における取組を例に，話を進めます。

　当園で実施しているプログラムは大きく以下の3つに分けられます。① 学校教育と連携した活動，② 独自の連続型オンラインプログラム，③ ライブ配信。

　① においては，学校の先生方の要望に合わせて，それぞれ独自のプログラムを実施しています。これらを実行する際には，まず先生方に当園の取り組みについて理解してもらい，動物園に興味をもってもらうことがなによりも重要だと考えています。そのため，年に数回，教職員の方々を対象とした動物園説明会をオンラインで実施しています。

　② においては，当園が取り組んでいる動物福祉に配慮した取り組みについて，より理解を深めてもらうことを目的に実施しています。通常の YouTube や Instagram 等における発信ではなかなか伝えられない部分を，プログラムの中で実行します。

　最後の ③ においては，当園職員がお話をする場合と，国内外から多種多様なゲストを迎え，話を伺った後に質疑応答の時間を設ける場合があります。それぞれの詳細について，以下に述べていきます。

第2節　学校教育と連携した活動

　この活動で扱う内容は多種多様です。なぜなら，各単元の内容は決まっていますが，教員によって進め方や達成したい内容にオリジナリティがあるからです。そのため，事前の打ち合わせが重要です。教員が求める内容と動物園においてできることが，合致せねばなりません。当園のポリシーに反しない内容であり，職員が対応できる日時であること等も加味しながら，内容を形作っていきます。これまでに行ってきたもののいくつかをご紹介します。

【動物園ガイド】このプログラムは，元々園内で実施をしていましたが，コロナ禍となり，オンラインで実施されるようになりました。児童がグループになって対象となる動物に関する調べ学習をし，調べた内容を基に動物のガイドを行う，というものです。児童が調べたことを発表したり，ガイドの練習をしたりします。動物園職員は，誤った内容があればそれを指摘し，児童の調べ学習を促進するような助言を行います。これを複数回繰り返し，最終的に学内で他学年の児童へのガイドを実施します。

【お手紙を書く】小学校の国語の教科書に「どうぶつ園のじゅうい」という単元があります。この単元の学習の最初に，児童と動物園職員がZoomで顔合わせをします。獣医師の仕事を簡単に説明したうえで，動物園職員から「国語の授業で習ったことを踏まえて，お手紙を書いてほしい」と児童に伝えます。児童はそれを念頭におき，学習を進めることで，教科書の中の話と現実の世界をリンクさせ，学習意欲が増すことが期待されます。児童からのお手紙には動物園職員が返信を書き，それをコピーしたものが児童に渡されます。

【キャリア教育】「なぜ動物園に勤めようと思ったのか」「どうやって就職したのか」「どのような仕事をしているのか」「やりがいはなにか」。これは老若男女問わず，よく聞かれる質問です。動物園職員がこうした内容について話した後で，児童生徒の質問に答えることで，児童がそれぞれの将来を考えるうえでのヒントとなります。

【動物の話】これは授業1時限分が当てられることもありますが，授業の一部分として15〜20分間実施する場合もあります。特定の動物種を定め，動物を画面に映しながら，その動物の特徴や行動などを動物園職員が解説します。その後，児童からの質問を受け付け，時間の許す限り質問に答えていきます。

　複数の児童，生徒に対し，画面を通じて話していくうえで，一方的に話すことのないよう心がけています。同時に，動画を見ている感覚に児童がならないよう，できるだけ双方向でのコミュニケーションを実施するようにしています。内容によっては，児童が質問やクイズを作ってくれたりすることもあります。そのような場合は事前に内容を把握しておく他，必要であれば配布物も事前に先生にメールで送付しておきます。このように児童の手が届く範囲と画面の向こう側をリンクさせることで，TV を見ているような，不特定多数の相手に対してどこか遠くで行われているような感覚になることを防ぎます。児童一人ひとりに対して話しかけていると思ってもらえるよう，読み原稿等は作りません。

第3節　独自のオンラインプログラム

　当園では，オンラインでの連続教育プログラム「ゆたかさってどんなこと？」を2021年に実施しました。本節では，このプログラムを中心に，オンラインプログラムの実施について述べます。本プログラムは，近畿大学生物理工学部の松本朱実氏とともに開発しました。環境エンリッチメント（動物たちが心身ともによりよく生活できるように環境を豊かにするための工夫。以下 EE）が主軸となっています。EE と言うと，「おもちゃを展示場に入れる」「フィーダーを設置する」等，「実際に行っていること」に視点が集まりがちですが，実際は，「どのような行動を引き出すのか」「どうやったらそれが可能になるか」等，実施前の「考える」段階や，実施後の分析，評価が非常に重要です。本プログラムでは，実施前から実施までの段階に焦点を当て，動物園における EE や動物福祉の向上に向けた取り組みについて，実践を通して学ぶ他，動物の生態を理解し，自

分事として考え，よりよくするための案を動物園職員との協働によって創り出しました。それに加え，動物の福祉（生活のゆたかさ）を起点に，自分や周囲の人々の生活の豊かさについて考えました。

また，これまでの生活や他者との関係性を見直すとともに，ゆたかさに関して得られたことを，これからの自分の生活や活動に活かし，関わることをねらいとしました。

　5か月の間，月1回1時間程度のプログラムをZoom上で実施し，国内外から小学4〜6年生5名が参加をしました。第1回から3回までは，企画広報担当（著者）が担当し，第4回および5回には，飼育員も加わりました。実施内容を以下に簡潔に述べます。

第1回　「ゆたかさってなんだろう？」

1. アイスブレイクを兼ねた自己紹介の後，プログラム実施中のニックネームを決定。
2. 「自分をゆたかにしてくれるもの」を家の中から30秒で見つけてきてもらい，その理由を予め配布したシートに記入し，発表。
3. 「ゆたかだなあって思うとき」について考え，シートに記入し，発表。

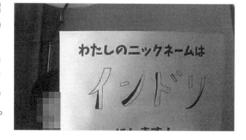

4. 今回の感想や思ったことをシートに記入し，発表。
宿題：「ゆたかにしてくれるもの」と「ゆたかだなあって思うとき」について，周りの人3人くらいに聞く。
　※宿題は，必ずやらねばいけないというわけではなく，もしできたらやってみてね，といった感覚でお願いをしました。

第2回　「動物園での取り組みを見てみよう」

1. 宿題の発表をしてもらい，お互い
   の発表内容を聞き合う。
2. 動物園内での取り組みを観察し，
   動物にとってのゆたかさについて
   考える。

　画面上で園内を案内し，さまざま
な環境エンリッチメントの取り組み
を紹介。
3. 今回の感想や思ったことをシートに記入し，発表。

宿題：動物のくらしをゆたかにする方法を考える。動物について調べ，実施したい
　　　取り組みの内容，そう考えた理由をシートに記入（いくつでも可）。
　　　※第2回と3回の間に冬休みがあったため，近隣の動物園に各自で行くことを提
　　　　案しました。

第3回　「どんな工夫ができるか考えよう」

1. 宿題の発表をしてもらい，お互いの発表内容を聞き合う。
2. 出されたアイディアをまとめ，優
   先順位を決定。
3. 優先順位に従って，各自の担当ア
   イディアを決定。
4. 今回の感想や思ったことをシート
   に記入し，発表。

宿題：自分の担当動物に関する生態を
　　　より深く調べ，パワーポイントファ
　　　イルや紙に発表内容をまとめる。

第4回　「どんなことができるか選ぼう」

1. 宿題の発表をしてもらい，お互い
   の発表内容を聞き合う。
2. それぞれの発表について，飼育員
   が質問やコメントをする。
3. 今回の感想や思ったことをシート
   に記入し，発表。

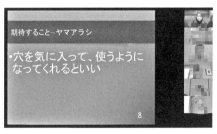

宿題：なし。
　　　※今回の発表内容から2つのアイ
　　　　ディアを飼育員が次回までに実際に形にしました。

最終回　2022年3月13日「結果を見てみよう」

1. 前回の内容を振り返り，飼育員が実際に形にした内容を発表。
2. それぞれの展示場における取り組みの様子を観察。
3. 今回の感想や思ったことをシートに記入し，発表。

　本プログラムの実施においては，「教えないこと」に，最も配慮しました。教育プログラムは必ずしも「教える」ことが中心となる必要はありません。それよりも，参加者がそれぞれに興味のあることを調べたり，質問したり，考えたりすることで，物事への興味を深め，新しい発見をする，そのお手伝いに徹するよう心掛けました。最初から正解を伝えるのではなく，質問を重ねることで，一緒に考えていくようにしました。参加者の意見を職員がジャッジしたりすることはありません。こちらの考えや知識を押しつけずに，自分で発見をしてもらえるような環境づくりを心掛けました。

第4節　ライブ配信

　ライブ配信には，職員のみで行う場合と，ゲストを招いて行う場合があります。職員のみで行うものには，その年に園内で実施された研究について発表する研究発表会や，3月の世界幸福デーにちなみ，環境エンリッチメントの取り組みについて話すものなどがあります。毎年実施するため，内容のマンネリ化を防ぐことを念頭に置いてプログラムを組むようにしています。

　ゲストをお迎えするものの多くは，研究者をはじめとする専門家をお迎えし，プレゼンテーションをしてもらった後に質疑応答をする，というものです。動物種を対象とするものが多く見られますが，その対象種は当園の飼育動物に限らず，オオサンショウウオからイカ，フグなどの海洋生物まで，多岐にわたります。また，現存種だけでなく，ドードーなどの絶滅種を扱うこともあります。さらには，必ずしも専門家の専門が動物とは限りません。例えば，美術館の学

芸員の方による古美術における動物絵画についてのお話や，手話通訳士の方による動物の手話に関するお話など，「動物」という切り口から，さまざまな内容へのアプローチを試みています。

　また，これらとは異なるアプローチのものとして，実際に動物を画面上で観察することもあります。例えば，タイにあるゾウキャンプとつなぎ，今この瞬間にゾウが何をやっているのかを，現地の獣医師の解説を踏まえながら見ていく「ゾウのくらし」。当園は動物福祉の観点からゾウの飼育をしないことを明言しています。そもそもゾウとはどのようなところで生活しているのか，画面を通じて少しでも感じていただけたらと考えています。また，対州馬にフォーカスを当てたイベントも行っています。当園のある大牟田市は古くは炭鉱の町として栄えた場所であり，ある時期までは炭鉱の中で対州馬という日本在来種のウマが働いていました。もともと農耕馬だった対州馬は，現在ではその数を激減させています。かつて何百頭ものウマが暮らしていた大牟田の地にある動物園としてなにかできたら，対州馬について多くの方に親しみをもっていただけたらと思い，定期的に実施をしています。

　どちらのイベントも，その時，動物がしていることを観察するというものなので，台本はありません。何が起こるかはその日までのお楽しみです。時にはゾウがずーっと池に入っていることもあれば，対州馬が道草を食いまくることもあります。でも，それでよいのです。むしろ，それがよいのです。特別なことは必要ありません。あるがままの姿を観察するところから，動物への興味が広がっていき，願わくばそこから各自が興味を発展させていってくださったらと考えています。ゾウも対州馬も実際に会いに行くことができる動物のため，こうしたイベントがバーチャルとリアルをつなげるきっかけになれたなら嬉しく思います。

　動物園は動物を見るところ，と思われがちですが，それだけに留まりません。多種多様な内容への門戸を開くきっかけとなる場所でもあります。ゲストをお迎えして，お話をお伺いすることも大切ですが，当園が最も重要視しているのは，質疑応答です。研究者に直接質問をする機会をもてることは，なかなかあ

りません。また，会場に集まって話を聞いたとしても，質問があまりもらえず，質疑応答が盛り下がってしまうこともあります。しかし，ライブ配信ではチャット欄に質問を記入することができます。実名である必要もありません。また，自宅等でリラックスした状態で視聴されていることも多いのではと考えられることから，質問をすることへのハードルも少しは下がるのではと考えます。いただいた質問は，時間の許す限りすべて読むよう努めています。一方的に流れているものを視聴する状態にならないよう，双方向でのコミュニケーションを常に心がけています。

　また，視聴者だけでなく，ゲストの方々にも配慮している点があります。話す内容はゲストの方に決めていただき，多くの場合，当日までホストであるこちらも詳細はあえて聞かないようにしています（英語話者の場合は，通訳をする必要があるため，事前に確認をしています）。好きなことを好きなようにお話しいただくことで，ゲストの方にできる限りストレスをかけず，イベントを少しでも楽しんでもらえるように心掛けています。また，画面共有が難しい場合等は，こちらでスライドの管理を行う場合もあります。その他，話者（配信者）はカメラに向かって話す必要があるため，聴衆（視聴者）の雰囲気や存在感を感じにくく，話をしにくいといった問題が指摘されています[1]。そのため，プレゼンテーション終了時に，すぐに話せるように準備をしておいたり，音声トラブルやネット接続トラブルにも瞬時に対応するよう努めています。過去にはネットの接続不良のため，開始2分でゲストが接続できなくなってしまったこともありました。臨機応変な落ち着いた対応が求められます。

　オンラインにおける教育活動の鍵は，双方向でのコミュニケーションを常に心がけることです。

注

1) 鈴木慶・伊瀬一貴・吉村宏紀・松村寿枝・清水忠昭（2013）「インターネットライブ配信における聴衆の存在感伝達のための実験的検討」第12回情報科学技術フォーラム

第7章

動物園における在来家畜文化の伝承とその意義

沖縄こどもの国職員　島田晴加

第1節　在来家畜とは

　家畜とは人間生活に有用な価値をもたらし，その生殖が人の管理下にある動物です[1]。そのため，動物の家畜化の過程の中で，あるいは家畜化した後に，経済価値や有用性を高めるための人の手による改良が行われ，そのうち形態的な特徴や行動などの特性が固定化され子孫に受け継がれている集団は品種として世界中に存在しています。日本本土では仏教の普及に伴い殺生禁止令が出されたことで，食用としての家畜飼養が衰退した時期がありました。その後，明治時代に西欧の品種が導入され，もともと飼育していた品種との交雑や西欧の飼養方法を取り入れた結果，現在の経済価値の高い品種が作られていきました。

　"在来"という言葉は，その地域で昔から生息している生物に対して使われる場合が多いのですが，"在来家畜"で使用される場合はやや意味が異なります。在来家畜研究会は[2]，「在来家畜は，野生動物から家畜品種へ向かう中間に位置するものとして，野生動物との境界も，家畜品種との境界もともに不明瞭な，連続的移行過程の途上にある」としています。また，「伝播先の地の在来家畜として，諸地域にそれぞれ固有の家畜文化を生み，諸地域住民の生活を，物質面ばかりでなく，精神面からも支えてきた」とも述べています。つまり，在来家畜は，その地域の気候や文化，風習に応じた選抜（育種）により作出され，現在進行形で食以外の人々の暮らしにも寄り添った家畜群を指します。"在来家畜を知ることは，その地域の文化を知ること"と言われるほど，人々の生活に密接に関わり，地域文化に根差した家畜群なのです。

　沖縄を含む琉球列島には，現在でも在来家畜が多く残されています。琉球列島は，鹿児島県の種子島から沖縄県の与那国島までの島々を指し，各島で文化や歴史が異なっています。特に沖縄は，琉球王朝と呼ばれる一つの国としての歴史があるため，日本本土とは異なった家畜文化が見られるとともに，島々固有の文化も残されています。そのため，琉球列島は世界でも屈指の在来家畜の歴史と文化，そしてその多様性を知ることができる地域なのです。

第2節　沖縄の人々の生活と在来家畜のかかわり

(1) 沖縄での在来家畜利用

　沖縄の在来家畜は供物や役畜，趣味，行事食の利活用を目的に飼養されてきました。琉球列島への家畜の導入時期は家畜種により異なります。豚や馬，牛，山羊，鶏は，琉球王朝時代に広く海外貿易を通じて交流を深めた時代に持ち込まれ，犬と鶏（前記とは別品種）は，それ以前に導入されたと言われています。[3] 持ち込まれた家畜たちは，沖縄の気候風土の影響を受けながら，その地域独自の文化の中で人々に残されていきました。それらの歴史を経て，琉球列島にはさまざまな在来家畜が生まれてきたのです。

　琉球列島における在来家畜と人々の関わりのひとつに，闘牛（ウシオーラセー）や闘山羊（ヒージャーオーラセー），闘鶏（タウチーオーラセー）といった，牛や山羊，鶏同士を競わせる競技があり，今でも沖縄県民に人気があります。他にも，歩様の美しさを競う琉球競馬ンマハラシーや沖縄地鶏であるチャーンの鳴き声や容姿の美しさを競う鶏鳴大会など，他県にない競技が残っています。

　また，沖縄では供犠としての活用もあります。その一つが，シマクサラシと呼ばれる村落レベルでの儀礼です。これは，村への災厄の侵入を防ぐことを目的に，豚や牛などの動物の骨を挟んだ左縄を村の入り口に張り渡らされて行われるもので，地域により動物種や行われる月日などに違いがあります。[4] とても少なくなっていますが，一部の地域では今も行われています。

　食文化に関しても，東南アジアや中国，日本本土，アメリカなどの影響を受

けながら，沖縄独自の食文化を作り上げてきました。沖縄では山羊の飼育数が多く，祝い行事や慰労会などの行事食で山羊肉が利用され，現在でも多くの山羊肉料理が見られます。また，沖縄では豚肉を中心とした料理が多いため，昔から食されていたと思われていますが，実際は正月や清明祭などで祭祀の儀礼に供物として使われていただけで，庶民にはとても高価な食材でした。そのため，“鳴き声以外は全て食べる”という思想が生まれました。

　さらに，沖縄の料理はクスイムン（薬もの）であり，限られた食材を最大限活用するためにシンジ（煎じ）という調理法が多く使われます。これは，食材の栄養素をとことん煮出して，滋養のある汁物として食べるというものです。

　このように，古くからの年中行事や行事料理を大切に守り，家族や地域で料理を囲う風習は，家族や地域との繋がりを強固にしていきました。

(2) 沖縄の人と島豚との生活

　琉球列島には各島々に“島豚（シマウヮー）”と呼ばれる在来の豚が飼育されていました。沖縄への導入は，14世紀後半に久米三十六姓とともに大陸から持ち込まれたというのが通説ですが，これ以前に家畜化された豚あるいはイノシシが飼育されていた可能性を示唆する研究報告もあり，この点に関しては今後の研究

島豚（シマウヮー）

が期待されています。ただ，琉球列島では，少なくとも17世紀までは，牛や馬，山羊を食べる方が一般的でした。豚飼養の普及には，中国からの使節団である冊封使が関係しています。冊封使は，たびたび琉球を訪れており，滞在期間中のおもてなし料理に豚肉が使用されました。また，17世紀に入ると甘藷が持ち込まれ，芋の葉や茎，残飯などを餌に利用するようになった結果，豚飼養は大きく発展していきました。日本本土では殺生禁止令により養豚業は衰退しましたが，その思想があまり及ばなかった琉球列島では，独自の飼養文化を確立し

ていき，現在の養豚業に続いています[3]。

　日本本土では見られない豚の飼養文化の一つが"ウゥーフール"です。"ウゥー"は沖縄の方言で豚を意味し，ウゥーフールは豚便所を意味します。これは，豚小屋と便所が一体化した建物で，人糞を豚に食べさせる文化がありました[10]。このような，動物に人糞を食べさせる方法は，中国や東アジア，ポリネシア原住民に多く見られた文化で，中国と500年にわたり交易を続けてきた琉球は中国文化の影響を大きく受けており，豚便所の文化もその頃導入されたと考えられています[10]。

　ウゥーフールの多くは，敷地内の北西に配置しています。これは，沖縄では夏季に南東の風が吹くことが多いため，臭気や虫が母屋に流れないように配慮して設置されていると考えられています[11]。ウゥーフールの形は，日差しに関しても配慮した造りになっています。豚は汗腺が退化しており，暑さに弱い動物であるため，年間を通して日の出から日の入りまで，豚が休める日影ができる造りになっています[11]。豚房にはススキやチガヤ，ガジュマルの葉などを入れ，豚に踏み込ませた後，それを堆肥として菜園に還元していました[10],[11]。ウゥーフールの周囲には，バナナやイトバショウ等が植えてある他，夏に被陰して冬に落葉するセンダンも植えてあり，その果実や樹皮は駆虫剤に，花や葉は防虫剤として利用していたようです[11]。

　ウゥーフールは，豚の生態と沖縄の気候に応じてさまざまな工夫がなされ，循環型農業を行っていた施設でもあります。しかし，衛生上の問題が多く，1960年代前半まで一部の地域で活躍していましたが，現在では跡地が残るだけです[10]。

ウゥーフールとその使用風景を演じる飼育員

第3節　沖縄こどもの国での在来家畜に関する取り組み

(1) 動物園で在来家畜を飼育する意義

　通常，動物園では野生動物の飼育展示が一般的で，在来家畜を飼育展示している園館は少ないのが現状です。では，動物園で在来家畜の飼育展示を行う意義はどこにあるのでしょうか。

　これまで述べてきたように，在来家畜は，その地域で田畑の耕起や荷の運搬，食材として地域の風習や人々の生活を支えてきた家畜群です。しかし，生活様式の変化や農業機械の発達と普及により，その役割を失ってきました。また，在来家畜は経済性が低く，食用として利用するには非効率的なため，経済性の優れた改良品種へと置き変わった結果，著しく数が減少しました。現在では，愛好家や保存会などにより，いくらかの在来家畜が細々と保存されている状態です[12]。在来家畜は，その地域固有の文化を体現している動物であるため，在来家畜の消滅は地域に根差した家畜の消滅にとどまらず，それをとりまく文化も失われることを意味します[2]。つまり，在来家畜の保全には，単に個体を遺伝資源（系統）として保存するだけでなく，農具の装着やその製作・使用する技術，地域の風習といった，人の生活との関わりも含めた文化継承が必要となります。これは，野生生物の保全とは少し異なる点でもあります。しかし，近年，各地域で過疎化・高齢化が進み，そのような文化や技術の継承が困難な状態となっています。そのため，当園では，在来家畜を飼育するとともに，その在来家畜が人と関わってきた文化に興味・関心をもってもらい，後世に継いでいくきっかけとなるよう，展示や教育プログラムに力を入れています。このような取り組みはまだ国内の動物園では少なく，全国でも珍しい取り組みといえるでしょう。

(2) 取り組みと地域の方とのつながり

　当園では，琉球列島の生き物を飼育展示している琉球弧エリア内に在来家畜コーナーを設け，口之島牛，与那国馬，琉球犬，大東犬，島ヒージャー（沖縄在来山羊），島ウワー（沖縄在来豚），チャーン（沖縄在来鶏）の飼育展示を行ってい

ます（2022年9月現在）。

　園を訪れた方々が，在来家畜に興味関心をもつ入口的役割として，在来家畜のエサあげ体験や与那国馬を用いた乗馬体験を行っています。このような日常的な取り組みの他，琉球列島の特異な自然やそれに育まれた知恵と技法を伝える沖縄魅力発見講座や在来家畜の飼育体験プログラムである家畜スクール，地域独自の文化である琉球競馬ンマハラシーなどの取り組みを実施してきました。

　家畜スクールは，約半年ほどの期間の中で毎週1回行った連続講座で，当園で飼育している在来家畜の飼育体験をはじめ，牛が耕起し，馬が運搬するという昔ながらの農作業の体験を通して，在来家畜について知ってもらうことを目的に行いました。また，家畜スクール内では，琉球競馬ンマハラシー出場を目標として，与那国馬への乗馬講習も行いました。

　琉球競馬ンマハラシーは，琉球王朝時代に琉球貴族の遊びから，庶民に広がった沖縄の伝統文化の一つで，沖縄各地に馬場の跡地が多く残っています。[13] 速さを競うのではなく，走る歩様の美しさを競う競馬で，馬と人は着飾って登場します。太平洋戦争により，1943年の記録を最後に一度途絶えましたが，地域の[13]方々と連携し，2013年に70年ぶりに当園で復活させることができました。

　このンマハラシーの開催を機会に，当時，農作業で馬や牛を扱っていた方との人脈も広がり，馬や牛へ駄載する際に必要な荷鞍やサトウキビを搾るサーター車（砂糖車）の使用方法を教授していただきました。このような技術は，当時扱っていた方の高齢化や農業機械の普及により牛や馬が荷物を運搬する機会が

家畜スクールの様子

減少したこと，さらには技術に関する民俗学的な情報が不足していることがほとんどです。そのため，現在では各地域における在来家畜とともに発展してきた技術の継承がほぼ途絶えた状態となっています。

ンマハラシーの衣装

　当園では，このような各地域に残されてきた技術や文化を学び，伝えていくことが，在来家畜の保全を含めた文化や技術の継承につながると考えています。そこで，前述した取り組み以外にも，来園者や学校の教員，そして修学旅行などで訪れた団体向けに在来家畜にまつわるガイドを行っています。その中では，沖縄には日本本土とは異なった歴史や文化があること，第2節で記したような沖縄の人々と在来家畜との関わり等を紹介しています。また，新型コロナウイルス感染症拡大の影響下で始まった新たな取り組みではありますが，動画配信サイトも活用し，県内のみならず，多くの方に周知する機会を設けています。

(3) これからの在来家畜

　これまで，地域の文化に関する情報は地元の博物館が資料を収集・保存，そして展示を行い，在来家畜といった動物は動物園が飼育展示するというように，各々が展示と情報発信を行ってきました。しかし，文化と技術の継承も含めた在来家畜の保全に関しては，地元の博物館で保存されている農工具や衣装などの資料が必要不可欠であり，動物園と博物館の連携が必要です。実際に，当園の乗馬体験で使用する馬の鞍やンマハラシーで着用する衣装は，地元の博物館の収蔵品から復元したものです。

　そして，在来家畜の保全には，地域の家畜飼育農家との連携は必須です。さらに視野を広げると，在来家畜が文化や歴史を伝える生きた教材として，学校等の教育機関と連携を進める必要もあると考えています。実際に，当園で"沖

縄学”や“沖縄在来家畜から学ぶ沖縄の歴史と文化”と題して，教員免許状更新講習を実施し，沖縄の歴史や文化に関する講話やサーター車を活用した黒糖作り体験等を行いました。講習を終えた後のアンケートでは，“社会科で沖縄の歴史や文化を紹介した”“学校に出前授業をしてくれたらうれしい”などの声がありました。また，指導要領からも小学校の生活や総合学習，社会科などで在来家畜を活用できる見込みがあり，動物園を活用した地域の歴史・民俗史を学校教育につなげることができます。さらに，県民のみならず，観光などで沖縄を訪れる方に向けた，沖縄独自の文化をもつ在来家畜との体験プログラムを提供することで，エコツーリズムとしての活用が成り立つと考えています。

　在来家畜は人と生活をともにしてきた動物であり，人とのかかわりなしでは保全していくことができない動物です。人のくらしが昔とは異なる現在，動物園において在来家畜に“沖縄の文化を伝えていく”という新たな役割を作り，品種の保存のみならず，文化の継承と新たな人とのかかわりを創出することは，これからの在来家畜の保全にむけた大きな一歩となるはずです。

注

1) 阿部亮他 (2005)『畜産』農山漁村文化協会.
2) 在来家畜研究会 (2009)『アジアの在来家畜』.
3) 生き物文化誌学会 (2017)『ビオストーリー vol. 27 沖縄の在来家畜と人』誠文堂新光社.
4) 宮平盛晃 (2016)「琉球列島におけるシマクサラシ儀礼の民俗学的研究」.
5) 編集工房 (2010)『沖縄肉読本』東洋企画.
6) 外間守善 (2010)『沖縄の食文化』新星出版.
7) 岡本尚文監修・写真 たまきまさみ文 (2021)『沖縄島料理 食と暮らしの記録と記憶』トゥーヴァージンズ.
8) 田中智夫 (2001)『アニマルサイエンス ブタの動物学』東京大学出版会.
9) 新美倫子・盛本勲 (2021)「野国貝塚群 B 地点出土イノシシ類の年齢構成と性比について」『南島考古』(40), 3-10.
10) 平川宗隆 (2021)『沖縄フール曼荼羅』.
11) 高田勝 (2015)「沖縄在来豚の伝統的飼育施設と飼養管理方法」生き物文化誌学会.
12) 沖縄県教育委員会 (1992)『動物実態 緊急調査報告書』.
13) 梅崎晴光 (2012)『幻の名馬「ヒコーキ」を追いかけて』ボーダーインク.

新潟市水族館マリンピア日本海学びのデザイン課課長　大 和　　淳

視点Ⅲ　ポストコロナ社会における水族館教育

第1節　水族館教育を概観する

(1) はじめに

　視点Ⅲでは，コロナ禍が水族館教育にどのような影響を与えたのか，そして，その影響を水族館教育の発展にどうつなげていくとよいのかを考察することで，ポストコロナ社会における水族館教育を考える視点を提供することを目的とします。第1節では，コロナ禍前に水族館で取り組まれていた教育を概観します。第2節は現在も進行中であるコロナ禍での教育について整理します。第3節では，ポストコロナ社会での水族館教育を考える視点として，「経験による学び」「学びの保障」「地域に根ざした水族館」について検討します。

(2) 水族館の機能と教育活動

　従来から水族館には「種の保存」「教育・環境教育」「調査・研究」「レクリエーション」の4つの機能があるとされていますが，この4つは独立して存在しているのではなく関連しあっています。すべての機能のベースとなるのは「調査・研究」です。一般的に「調査・研究」は飼育生物の研究と考えられていますが，他の3つの機能を充実させるための「調査・研究」も重要であると筆者は考えます。

　今日的な水族館の使命は生物多様性の保全を中核とした持続可能な社会への貢献と考えられます。すなわち「種の保存」は生物多様性の保全への直接的な取り組みといえます。「教育・環境教育」や「レクリエーション」は，入館者や市民など，一般の方々がいて成り立つものであることから，持続可能な社会を作ることへの貢献として位置づけられます。水族館には法的・学術的な定義がありませんが，少なくとも「水族を公開展示する常設の施設」は必ずあります。展示の目的には多様な考えがあると思いますが，多くの水族館にとって「教育・環境教育」は主要な目的のひとつではないでしょうか。また，種の保存や調査・研究を紹介する展示や館の内外での教育プログラムも「教育・環境教育」の一つと捉えられます。一方，「レクリ

表1　JAZA『改訂版 新・飼育ハンドブック 水族館編 -4-』に
　　含まれる教育に関係する項目

教育	
総論	移動水族館
教育内容	教材貸し出し
1. 自然教育	レファレンス・サービス
2. 環境教育	情報教育
3. 情操・愛護教育	実習・職場体験
教育対象	友の会
ガイド	映写会・講演会など
学習会	教育施設と教材
自然観察会など	教育機材
出張授業	
展示	
展示と解説	
1. 解説の重要性	4. 人による解説
2. パネルによる解説	5. 印刷物による解説
3. AV 機器による解説	6. そのほか特徴ある解説
広報	
広報	

エーション」は入館者側の利用意図という面が強くなります。多くの入館者は学習ではなくレクリエーションを目的としていますが，だからこそ，コロナ禍前の実績で毎年延べ3,000万人を超える入館者があったともいえます。この多くの入館者へどのように学びを提供できるかが問われているのではないでしょうか。

　コロナ禍前に行われていた水族館での教育活動を確認するため，公益社団法人日本動物園水族館協会 (JAZA) 発行の『改訂版 新・飼育ハンドブック　水族館編4－展示・教育・研究・広報』(2020年) の目次から教育に関係する項目を**表1**にまとめました。「教育」の章には総論を入れた大項目が16あり，そのうち「教育内容」のみ小項目として3つに分かれています。ここに「広報」の章と「展示」の章にある「展示と解説」を含めると，以前より行われてきた教育活動の全体像が見えてくると思います。

(3) 地域に根ざす水族館

　日本にある水族館数の正確な情報はありません。2022年度のデータによると，JA-ZA加盟の水族館は50館，一般社団法人日本水族館協会 (JAA) には47館加盟しています。両方に加盟している水族館が20館あることから両方もしくはどちらかに加

盟している館数は41都道府県の77館となります。どちらにも加盟していない一定の規模をもった水族館もいくつかあるため，ほとんどの都道府県に水族館があることになります。

　日本は海に囲まれているため，海洋生物を展示する水族館が多いですが，河川や池沼・潟湖・湿地など，各地に特徴的な淡水域があることから淡水生物の展示に力を入れている水族館も数多くあります。淡水生物は生息環境悪化の影響を受けやすく絶滅が危惧される種が多いため，水族館が取り組む「種の保存」は地域の淡水生物が主となります。絶滅危惧種を水族館で繁殖させることでの生息域外保全はもちろん，生息地の調査や保全に積極的に取り組む水族館も多いです。生息地の保全には地域との協働が不可欠です。地域の住民やNPOなどと良好な関係を築き，現地での保全活動や環境教育を目的とした観察会などに取り組んでいます。

第2節　コロナ禍での試行錯誤

(1) 入館者がいない水族館

　2020年初頭からのコロナ禍は水族館の運営に大きな影響を与えました。WEBサイトの「水族館ドットコム」が全国117館のホームページ情報等を収集してまとめたデータによると，2020年4月25日から5月6日までの12日間，117館すべてが臨時休館しました。この期間，日本のほぼすべての水族館が休館し，全国で1日平均約8万人が訪れていた水族館から入館者がいなくなりました。地方の水族館は2週間から1か月の休館でしたが，首都圏の水族館では4か月近く休館していた館もあります。その後も流行期になるたびに数週間から数か月の休館を繰り返す事態となり，館によっては2年間でトータル約11か月休館となったところもあります。また，開館時も感染対策の徹底や行動制限などで，入館者数の制限や地域外からの観光客を見込めない状況が続きました。

　このような状況のなか，水族館はどのようにして人々とのつながりを作っていったのでしょうか。以下，特徴的な2つを取りあげます。

(2) ICT（情報通信技術）

　ICTはInformation and Communication Technologyの略称で日本語訳は情報通

信技術です。わざわざ ICT という言葉を使ったのは，コロナ禍で Information から Communication へ意識も内容も変化したと考えられるからです。多くの水族館では以前より SNS を利用していましたが，主な目的は広報や PR だったため，どうしても一方向的なものとなっていました。

　コロナ禍で水族館が直面したのは，臨時休館や入館制限による入館者減でした。ステイホームという言葉に象徴されるように，外出を避け家にいる時間が長くなりました。不要不急という言葉が叫ばれるなか，できることはなにかを多くの水族館が考えたと思います。そこで，まずはこれまで運用実績がある SNS をより有効に使うための試行錯誤が行われました。JAZA のホームページに開設された「応援してね動物たちは元気です」や日本財団「海と日本プロジェクト」が開設した「stay home with the sea」では，多くの水族館の工夫や取り組みを見ることができます。次の段階として，情報を一方向的に伝えるだけでなく，より双方向的なコミュニケーションを目指すようになりました。例えば，コロナ禍で急速に普及した Zoom などの WEB 会議システムを活用したオンラインでの教育プログラムに取り組む水族館も出てきました。具体的には，第8章「オンラインでつながる・オンラインで学ぶ」で東京都葛西臨海水族園の事例を紹介しています。

　もう1点，筆者が感じたことですが，オンラインによる双方向性コミュニケーションの普及により「水族館に来たくても来られない」方たちがより顕在化したのではないか，ということです。一部の水族館は以前より，病院や施設への訪問をしていましたが，オンラインを活用することにより実施のハードルが下がったと感じています。このことについては，第3節で触れたいと思います。

(3) 地域密着

　第1節で，多くの水族館が展示や調査・研究，種の保存などで地域に根ざした活動をしていることを紹介しました。コロナ禍での行動制限のなか，入館者に占める地域住民の割合が高くなりました。筆者が所属する新潟市水族館マリンピア日本海は，ゴールデンウィークや夏季以外は新潟県内からの入館者が70%という地方水族館ですが，行動制限下では県外からの観光が見込めず，ほぼすべて県内からの入館者となりました。このことは，運営面にも大きな影響を与えましたが，その点については第9章「水族館の運営を踏まえた教育普及活動の実施」で具体例を紹介して

います。

　また，学校利用の変化として，修学旅行を同じ県内で実施する小中学校が多くなりました。その訪問先として水族館が選択されたところも多いのではないでしょうか。受け入れた印象として，学校側の教育テーマの設定に工夫が感じられました。例えば，修学旅行のテーマを「SDGs」や「キャリア」に設定し，訪問先でそのテーマの視点で学びを深めるという学校を多く見ました。特に，SDGs は人気のテーマで，当館でもいくつかの学校から水族館での SDGs についてレクチャーして欲しいと依頼されました。

　コロナ禍により，地域の方たちや学校と良好な関係を築くという当たり前のことの大切さを再確認した水族館も多かったのではないでしょうか。

第3節　ポストコロナ社会における水族館教育

(1) 経験による学びをどう作っていくか

　水族館教育を考える時，経験による学びをどう作っていくかが重要です。コロナ禍以前も，経験による学びは大きなテーマでした。

　コロナ禍での ICT を活用した取り組みも，オンラインでの経験をどのように学びにつなげていくかの模索だったといえます。一方向的な情報の発信ではなく，参加者との双方向的なコミュニケーションを意識したプログラム，参加者に観察するもの（例えば鮮魚など）を自分で用意してもらうという取り組み，フィールドからの発信などは，オンラインならではの経験といえるのではないでしょうか。WEB 会議システムの場合，参加者の了承が得られればビデオをオンにしてもらうことで参加者同士の顔が見える形で行うことができます。それにより，水族館との1対1の感覚から参加者同士の横のつながりを実感することができるようになります。参加者は日本各地からだけでなく海外からの場合もあります。自分の住んでいる場所がネットワークでつながり，各地で同じことをしている人がいるという非日常的な経験は，館内で行うプログラムとは違った経験として残り，学びにつながるのではないかと考えています。

　水族館にとって生きている生き物を直接観察する実物教育が重要であることは，疑いようもありません。それはコロナ禍であろうとかわりません。しかし，私たちは

オンラインにはオンラインでできる経験による学びがあるということを実感しました。ポストコロナ社会では，多様な方法で多様な経験をデザインしていくことが可能になったと考えています。

(2) すべての人へ水族館教育を届けたい

　第2節で指摘した，オンラインでの双方向性コミュニケーションの普及により「水族館に来たくても来られない」方たちがより顕在化したのではないか，ということについて考えます。島絵里子は，博物館関係者からの報告として，「何らかの事情で博物館への来館が困難な状況下にあった方々も，プログラムに参加することができるようになったなど，オンラインでの取り組みをすすめたことによる「あらゆる人々へのアクセスの保障」面での前進」について記しています。³⁾なかでも，長期入院や自宅療養をしている子どもたちにとっては，学びの保障や遊びの保障にもつながります。沖縄美ら海水族館は以前より病院や福祉施設を対象とする移動水族館を実施していましたが，コロナ禍ですべて中止となりました。しかし，小児病棟の専門スタッフであるチャイルド・ライフ・スペシャリストと協働して入院中の子ども向けの遠隔授業を開発し，2020年4月から9月末までに計6回実施，未就学児から高校1年までの子ども計25名が受講しました。この遠隔授業は，全国の病院や特別支援学校に対しても実施し，2021年12月までに計112件2,217名が受講したそうです。⁴⁾これに比べると規模が小さいですが，新潟市水族館マリンピア日本海も病院の保育士からの依頼で2021年度に複数回オンライン見学をしました。対象が未就学児でしたので，授業というよりは簡単な解説をしながらの見学でしたが，子どもたちと保護者に喜んでもらえました。また，分身ロボットOriHimeを利用し重度心身障害児を当館に「招く」ことも行いました。

　このような視点での教育活動は現時点では少数の水族館での取り組みかもしれませんが，コロナ禍を契機として小さな芽が出始めたと言ってよいのではないでしょうか。ポストコロナ社会では多くの水族館に取り組んでもらいたい活動の一つだと考えています。

(3) 改めて，地域に根ざした水族館へ

　第1節で指摘したように，水族館の社会的な使命を生物多様性の保全を中核とし

た持続可能な社会への貢献と考えると,「地域に根ざした水族館」は目指す姿の一つと考えられます。ポストコロナ社会では,人の動きは以前の状態に戻るかもしれませんが,水族館にとっての地域の重要性は後退することはないでしょう。地域に根ざすとは,その地域にとってなくてはならない存在となることともいえます。地域コミュニティの一員として,地域との協働を進めていくことが求められます。例えば,新潟市はその名の通り「潟」が多く,市内にラムサール条約登録湿地の佐潟があり,2022年11月には国内初のラムサール条約湿地自治体認証を受けました。そのため,新潟市にある水族館としてできることを模索し始めていますが,そのキーワードは「地域コミュニティ」「協働」「学びのデザイン」だと筆者は考えています。

(4) おわりに

　ポストコロナ社会の水族館教育について,いくつかの視点を提示し論じてきました。コロナ禍は人々の生活に深く影響し,学校教育にも大きな影響を与えました。水族館は,社会教育施設としてのノンフォーマルエデュケーションや偶発的な学びであるインフォーマルエデュケーションの場としての役割を担っていると同時に,レジャー施設・癒やしの場としての側面ももっています。だからこそ,コロナ禍では,他の教育機関と比べて水族館のフットワークの軽さは際立っていたように思います。ポストコロナ社会でも,水族館の社会的な使命をベースとしながら,いろいろなことにチャレンジしていくことが,水族館教育の未来にとってあるべき姿ではないでしょうか。

注

1) （公社）日本動物園水族館協会 (2020)『改訂版　新・飼育ハンドブック水族館編4—展示・教育・研究・広報』（公社）日本動物園水族館協会

2) 水族館ドットコム「日本のすべての水族館が閉まった日（コロナ禍と水族館経営）」https://aquarium-japan.jp/covid19-aquarium/（2022年9月30日閲覧）

3) 島絵里子 (2022)「ミュージアムが姿・形を変えてあらゆる人々のところに飛び込んでいくための一提案：物理的（フィジカル）形態とデジタル形態を組み合わせて」『日本の博物館のこれからIV』大阪市立自然史博物館, pp.127-158.

4) 横山季代子他 (2021)「チャイルド・ライフ・スペシャリスト（Child Life Specialist：CLS）と連携して実施した沖縄美ら海水族館の遠隔授業について」全日本博物館学会『博物館学雑誌』第47巻第1号, 71-77.

第8章

オンラインでつながる・オンラインで学ぶ

東京動物園協会総務部教育普及センター所長
（都立動物園水族園）　天 野 未 知

第1節　コロナ禍での教育普及活動

　2020年2月29日から約4か月，都立葛西臨海水族園（以下水族園）は臨時休園となりました。当時はCOVID-19の影響がこれほど長期化するとは思ってもみませんでしたが，現実はその後もたびたび休園を繰り返し，その期間は2年間で通算11か月に及びました。再開園しても整理券での人数制限や団体の受入れ中止があり，感染拡大防止のためにエサの時間や磯のタッチプールでのガイド，ガイドツアー，子ども向け体験型プログラム，学校団体プログラム，フィールド観察会などほとんどすべての教育普及活動が休止となりました。

　とにかく何かをやらなければと，この時期，教育普及活動に携わる誰もが同じ気持ちに駆られたと思います。水族園が最初に取り組んだのはステイホームでおうち時間を過ごす人々に向けてのTwitterやYouTubeによる情報発信です。日本動物園水族館協会（JAZA）が2020年6月，HPに新設したページ「応援してね　動物たちは元気です」では，全国の動物園水族館134園の情報がリンクされた公式ブログ・Twitter・YouTube・ライブカメラ等とともに一覧で紹介されました。いかに多くの施設が展示生物の今をさまざまな方法で伝えようとしたかがわかります。これらの取り組みはマスコミにも取り上げられ，それまで動物園水族館を利用してきた人にも利用してこなかった人にも新たな楽しみ方を提供しました。

　次の段階は従来行ってきた教育普及活動をオンラインでどう実施するかでした。夏になっても感染が収まらない中で小中学生対象の「夏休み海の生きもの調べ」をWEB会議システムで実施したり，夜の水族園の様子をYouTubeで

写真 8-1　夜の水族園の様子を YouTube でライブ配信

ライブ配信したり，とりあえずやってみましたが，オンラインの機材や技術が不十分で失敗もありました（**写真8-1**）。しかし最も大きな課題はそれまで重視してきた「実物の観察を通した体験的な学び」や「参加者自らの発見を促す能動的な学び」，また「スタッフと参加者，参加者同士の『対話』をとおした学び」をオンラインでどう実践するかでした。

　この章では葛西臨海水族園での実践例をいくつか紹介し，オンラインで何ができるのか，その可能性にふれ，ポストコロナ社会における水族館の教育普及活動のあり方について考察します。

第2節　オンラインで生物観察

　ひとつめの実践例は，水槽での生物観察や干潟での生物採集など実体験による学びを柱にしたシリーズプログラム，小学校3・4年向け「海のあそびや」です。毎年実施してきたこのプログラムを，2020年は WEB 会議システムを使い「くらべてみるとおもしろい」というテーマで3種類，実践しました（**表8-1**）。

　このプログラムの肝は参加者側にも丸のままの魚，エビ・カニ（いずれも種は問わず），フライドチキンの骨などの「実物」を用意してもらったことです。それを水族園のクロマグロやタカアシガニ，フンボルトペンギンと比較観察して学ぶ内容としました。実際にやってみると，②エビ・カニの回ではケガニやクルマエビなど高級食材が揃って驚きましたが，飼育中の小さなヌマエビ（1cm

表8-1　オンラインで行った子ども向け体験型プログラム

小学校3・4年向けシリーズプログラム「海のあそびや2020」
2020年9月から2021年1月に9回実施
①「くらべてみるとおもしろい・クロマグロとくらべてみよう」 魚
参加者が用意するもの：丸のままの鮮魚1匹（種は問わず）
②「くらべてみるとおもしろい・タカアシガニとくらべてみよう」 エビ・カニ
参加者が用意するもの：エビ・カニまるごと1匹（種は問わず）
③「くらべてみるとおもしろい・ペンギンとくらべてみよう」 鳥
参加者が用意するもの：身近な鳥のスケッチ，フライドチキンの骨
※ペンギンの羽を郵送
各回とも実施時間は2時間半。定員は15名。WEB会議システム（Zoom）使用

程）を用意した方もいて観察のサポートが難しかったこと，③の鳥（ペンギン）の回では事前に身近な鳥のスケッチを課題にし，実物の観察体験を期待しましたが，野外での鳥のスケッチは難しかったようで図鑑の丸写しになってしまうなどうまくいかない部分がありました。

　手応えがあったのが①の魚の回だったのですが，改善点もありました。種類は問わないとしたところ，最初はマアジとマイワシばかりに……。多様な魚が揃ったほうが比較観察による学びが深まるので，事前のお願いを「形態に特徴のある魚を選ぶとプログラムでの観察が深まります！子どもと一緒に選んでみてください」と変えると，キンメダイやタチウオなどさまざまな魚が揃い，観察がぐっと楽しくなりました。

　その他にも①グループ分け機能で少人数でのグループワークを設ける，②参加者側で用意した生物種の生きている時の様子がわかる動画や写真を準備す

写真8-2　参加者が用意したマイフィッシュと水族園のクロマグロを比較観察する

る，など工夫しました。① はオンラインでも双方の対話によりきめ細やかな対応ができるように，② は水槽で実際に生物観察しているような擬似体験を提供するためです。

　参加者の様子や事後アンケートの結果から，ねらいである「実物の観察を通した能動的な学び」に手応えがあっただけでなく，事前に魚を用意する過程が，親子で市場に行ったり，自分の魚（プログラムの中ではマイフィッシュと呼んだ）をプログラム終了後に料理したり，参加者にとって初めての体験につながったことが伺えました（表8-2）。

　このプログラムは，幼児や小学校高学年向けに行っただけでなく，毎年夏に実施する小学校教員向けにも改変して実施しました。教員のなかには丸の魚をどこで買えばいいのか聞いてきた方や，初めて丸の魚にさわる方も少なくなく，マイフィッシュを用意する過程が大人にとっても重要だと感じました。

　オンラインだからこその難しさもありました。一番は参加者側の端末の機能や通信環境によって学びに差がでてしまうことです。例えば動画でクロマグロの泳ぎを観察してもらうとき，小さい画面で動きもカクカクしてしまうようでは，せっかくの行動観察が妨げられてしまいます。また，参加者側が自分の魚

表8-2　参加者のアンケート結果から

2021年「くらべてみるとおもしろい・クロマグロとくらべてみよう」
参加者のアンケート結果から抜粋

- 最初は魚にさわりたくないと言っていましたが（中略）夢中になり，自然に素手で魚を持てました。プログラム後はマイフィッシュを図鑑で調べ，描いた絵のまわりに書き込んでいました。
- 準備の段階で鮮魚を売っているお店を探しました。いつもはスーパーで切り身か干物，そのままの魚なんて見られません。水族館は遠くてなかなか行けないのですが，このような形で魚にふれるのもワクワクしますね。
- マイフィッシュを仕入れるにあたり，初めて場外市場に行きました。子供は丸物の魚が並んでいるのを初めてみて興奮していました。
- 魚を実際に触って観察したのは初めてでした（中略）。観察後のお魚の下処理や調理も楽しく体験することができました。
- 夕飯前には母親と取り出した内臓や鰓を気持ち悪がりながら調べ，丸ごとアクアパッツァにしました。初めて食べる魚だったのでおいしいねと驚きながらたくさんいただきました。

を観察する際に，モニター越しに
しかサポートできない歯痒さも痛
感しました。改善策としてわれわ
れの手元にも参加者側が用意した
魚種を可能な限り用意して一緒に
観察を進めるようにし，観察誘導
を声かけでうまく伝えるコツを摑
んでいくようにしました。

　よさもありました。なにより，
対面だったら出会えなかったかも

写真 8-3　モニターを突き破って参加者側に
　　　　　行きたい気持ちに

しれない子どもとオンラインでつながれたことです。小笠原諸島や新潟，さら
にはベトナムから参加してくれた子ども，高学年では自分で申し込んだと思わ
れる子どももいました。物理的な距離だけでなく，親の都合が理由で今まで参
加できなかった子どもともつながれたのです。また自分の家という環境でリラッ
クスして学べるのも大きなメリットだと感じました。親や小さな弟や妹が周り
で一緒に観察する様子や休憩時間に飼育中のメダカや生きものグッズを見せ合
いっこする様子，プログラムの終わりがけには観察していたマアジが台所で料
理される様子も……。参加者それぞれの背景や学びの様子を伺うことができ，わ
れわれの学びの考察にも役立ちました。

第3節　オンラインでフィールドへ

　もうひとつの実践例は「東京の海を知る」というタイトルで，水族園の前に
広がる人工干潟や近くの河口域などで生物やその生息環境を観察するシリーズ
プログラムです。フィールドで生物を探すわくわく感をオンラインでどう伝え
るかが課題でした。ここでは2021年に行った3種類のプログラムを紹介します
（表8-3）。

　水族園の目の前にある人工干潟「西なぎさ」はカニや貝など多様な生物が観

表8-3　オンラインで行ったフィールドプログラム

シリーズプログラム「東京の海を知る」
　① YouTubeLIVE「干潟でどろどろ!?生き物さがし」
　　2021年7月11日（日）の10〜12時に生配信。現在も公式チャンネルで公開中
　② YouTubeLIVE「干潟でバシャバシャ!?地引き網！」
　　2021年10月24日（日）の10〜12時に生配信。現在も公式チャンネルで公開中
　③ 親子向けオンラインプログラム「キミもトビハゼ調査隊！」
　　2021年7月4日（日），10時〜11時30分に実施。事前募集で定員30組。
　　WEB会議システム（Zoom）使用

察できる貴重な教育普及活動の場です。干潟での生物観察のポイントや干潟遊びの楽しさを伝え，視聴者の干潟体験につなげることをねらったのが表3の①と②です。

　多くの人に情報を届けられるというオンラインの利点を活かし，YouTubeでわれわれの干潟体験をライブ配信し，その後も録画動画を視聴できるようにしました（写真8-4）。ライブにしたのはモニター越しでも臨場感を感じてもらい，またチャットを使いリアルタイムでやりとりをするためです。いずれも同時視聴者数は100人弱，配信当日の再生回数は600〜800回でした（現在も公開中です）。

　やってみるとライブ中継の技術的な未熟さもあり，視聴者のチャットへの書き込みを確認しながら干潟の生物を紹介するのは容易ではありませんでした。また，視聴者数や再生回数などの数字とチャットの書き込みだけでは，生物探しのこつや干潟遊びの楽しさが視聴者に伝わったのか，確かな手応えを感じられないのも残念でした。数的には多くの人に視聴してもらえましたが，顔の見えない不特定多数の方を対象とする難しさを痛感しました。

写真8-4　水族園と干潟をZoomでつなぎ，それをYouTubeでライブ配信（①と②）

　この結果を受けて，その後の YouTube ライブでは，チャットでの質問タイムを別途設けて集中して対応できるように，また，視聴者にアンケートに答えてもらうしくみをつくり，われわれのねらいが達成できたかが確認できるように改善しました。

　上記と異なる方法で行ったのが WEB 会議システムを使った ③ です。このプログラムは水族園と他施設で組織された「トビハゼ保全　施設連絡会」が連携し，干潟でのトビハゼ観察体験とともに，その現状や保全活動を伝える内容としました。

　事前募集で小学生とその保護者を対象とし，フィールドの様子は現場からではなく，事前に撮影・制作した「トビハゼ調査隊」動画を使って紹介しました。当日は小型水槽のトビハゼの様子を中継しながら（写真 8-5），連絡会の各施設をつなぎ，トビハゼの生態や生息状況をリアルタイムで伝えました。事前に体のつくりを学ぶためのペーパークラフトやトビハゼ調査シートを郵送し，参加者側が能動的に学べるようにも工夫しました。

　WEB 会議システムで参加者のカメラをオンにし，顔が見える状態での進行は ①② よりも適切な対応ができ，参加者の学びに手応えもありました。フィールドで実際に行う観察会が環境や生物への影響を配慮し 1 回に 20，30 人ほどが限度であることを考えると，89 名という参加者数は，オンラインのメリットを生かし，より多くの人に伝えられた結果となりました。

　このシリーズプログラムの最終的なねらいである身近なフィールドへの誘いについて，① と ② はチャットへの書き込みだけでは明確ではありませんでしたが，③ については終了後と 2 か月後に行ったアンケート結果から，参加者のさまざまな体験へつながったことが伺えました（表 8-4）。

写真 8-5　クロマキー合成を用い，飼育担当者がトビハゼの体のつくりを解説

表8-4　参加者のアンケート結果から

2021年親子向けオンラインプログラム「キミもトビハゼ調査隊！」アンケート結果から抜粋

●プログラム後の感想を聞いてみると
・実際に干潟に行きトビハゼを観察するビデオは，子どもにも大人にもとてもウケました。水族館にも干潟にも行きたくなり全員ウズウズしています。
・トビハゼ調査隊のやりとりを見て，自分も同じところに行きたいと目を輝かせていました。
・とても楽しかったようで，こんど干潟にトビハゼを探しにいくそうです。夏休みの自由研究はトビハゼのテーマにするつもりです。
●2か月後に夏休みのフィールド体験を聞いてみると
・三番瀬に行き，干潟で大量にいたカニを捕まえたり，海でアサリを拾いました。ハゼを探しましたが見つかりませんでした。
・○○水族館に行きました。水族館では干潟の生き物コーナーで長くトビハゼやカニを観察し，名前や特徴を両親に教えてくれました。
・埼玉県なので干潟には行けなかったのですが，近所の川で魚をとろうと思えたことは，プログラムに参加したことがきっかけになりました。

オンラインといってもその方法はいろいろです。多様な方法のすべてを試してはいませんが，誰に（対象），何を伝えたいのか何を体験して欲しいのか（ねらい）に応じて適切なツールを選び，使い方を検討すべきでしょう。またプログラムを企画する際に対象を定めることが基本ですが，YouTubeライブという不特定多数の方を対象にする場合でも「主な対象」を設定し，それに応じてタイトルや配信時間，サムネイルなどを工夫し，画面の向こうの見えない視聴者にあわせた情報発信をすることが求められます。

　年齢によってもオンラインプログラムとの相性は異なります。例えば高校生・大学生向けのシリーズプログラム「海の学び舎」は，オンラインで行うことで参加希望者が増え，質問や議論も活発となり，予定時間を1時間以上延長することもありました。デジタルに慣れたこの年代との親和性の高さを感じ，2022年からも主にオンラインで実施しています。

第4節　オンラインプログラムの可能性

　水族館が生物を飼育展示し，その生きている姿を目の前にして学んでもらう場所であることは，これからも変わりません。実物を介した学びは水族館の存在意義そのものです。しかし，COVID-19の影響で期せずして取り組んだオンラインプログラムが，より多くの，多様な人々とのつながりや今までとは異なる新しい水族館利用のあり方を生み出したのは確かです。

　特に水族館が扱う生物種には干潟や磯，川や池の生物のように，比較的身近な自然の中で接することができるもの，もしくはマアジやマイワシのように食用として流通しているものが少なくありません。オンラインであっても参加者の身近な生物や自然を教材とすることで，実物と接する楽しさを伝え，自然体験へとつなぐことができます。実践をとおして，それが水族館の強みであると感じました。

　今後，社会のデジタル化はさらに進み，オンラインプログラムの技術も急速に発展していくでしょう。例えば講演会を対面とオンラインのハイブリッドで行う，来園する学校団体の事前学習をオンラインで行うなど，新しい技術を従来の活動にうまく取り入れることで，より効率的な，また効果的な学びを提供できます。なによりオンラインという形でつながった人々を今後も取り残すことなく，生物の魅力を伝えていくことは水族館の社会的使命であり，それが実物を介した水族館での学びをさらに進化させ，充実させていくと考えています。

第9章

水族館の運営を踏まえた
教育普及活動の実施

ふくしま海洋科学館館長
（日本動物園水族館教育研究会（Zoo 教研）事務局長）　古川　健

第1節　水族館の運営と教育普及活動

(1) 公立の水族館でも収支バランスは問われる

　公の施設は，「住民の福祉を増進する目的をもってその利用に供するための施設」とされ，地方自治法244条による管理委託制度により管理受託者は公共団体や公共的団体及び自治体の出資法人等に限定されていました。しかし，民間活力の導入によるサービスの向上や運営経費の削減のため，地方自治法244条が2003年9月2日に改正され，一般の企業やNPO法人などが公共施設の管理運営を行うことができる指定管理者制度が導入されました。この制度は多くの公立の水族館にも適用されました。これにより公立の水族館においても収支バランスを問われる機会が多くなりました。水族館の収入には，入館料，イベントなどへの参加料，レストラン，ショップなどの収益がありますが，なかでも入館料収入が大半を占めています。

　コロナ禍以降，感染拡大による休館や行動制限による入館者の減少などにより，厳しい運営を迫られている水族館が多くなっています。また，ポストコロナ社会においては，密の回避による入館者の制限を行う必要があり，ゴールデンウィークやお盆などのハイシーズンの入館者はコロナ禍以前ほど期待できなくなることは必定です。このようななか，博物館機能として重要な非営利事業を実施しつつ，収支のバランスが取れるよう，水族館ごとに創意工夫を凝らした，さまざまな取り組みがなされています。

写真 9-1　有料の体験活動　命をいただく「釣り体験」

（2）教育普及活動の有料化

　従来，水族館における教育普及活動は，無償もしくは実費徴収で行うもの，というのが一般的な考え方でした。このため，教育普及活動は収益性の低い事業として捉えられ，何かしらの理由で予算の削減が必要となった場合，真っ先にその対象とされてきました。しかし，近年，教育普及活動を来館者に提供するサービスの一つとして位置づけ，その対価として収入を得る取り組みが増えてきています。収益を得られるだけのプログラムを開発することは，事業の質の向上につながっているという側面もあります。予算がないから教育普及活動を実施しないという発想ではなく，自ら稼いで実施する。そこで得た利益を教育的な価値は高いが収益性に乏しい事業に使用することにより，教育普及活動全体の底上げにつながります。教育普及活動の有料化は，今後の水族館における教育普及活動の運営方法の一つの在り方だといえます（写真9-1）。

（3）展示の独自性と教育普及活動の多様化

　水族館は，建物の中に水槽があり，ガラス面を通して水生生物を見る場所。この概念は変わりつつあります。上述の展示は，ガラスという平面から見る点で絵画的ですが，水槽そのものをアート的に見せ，彫刻のような美しい造形とし

て展示をする水族館があります。水族館は水族を見せる場所ですが，水生生物だけではなく陸上動物や植物を交えた展示をする水族館が増えてきました。また，展示を見るだけではなく展示空間に来館者が入って体験ができる水族館もあります。水族館は，日本国内に100館以上あると言われています。館独自の展示を持つことは，入館者を得る運営上の大きな強みになります。また，新たな展示は，新たな分野での普及活動の可能性を創出し，多様な学習機会の提供へとつながっています。

第2節　環境水族館宣言とその具現化

　アクアマリンふくしまは，開館3周年にあたる2003年7月15日に施設の基本理念「海をとおして人と地球の未来を考える」の元，次の5つの項目からなる環境水族館宣言をしました。

> ●アクアマリンふくしまは，生物にとってすみやすく，すべての年代の人々が安らぎを感じることのできる理想の環境展示をつくりだします。
> ●アクアマリンふくしまは，子供たちが「自然への扉」を開く体験的学習の場として充実させ，環境に優しい次世代の育成をめざします。
> ●アクアマリンふくしまは，里地・里山，海岸など身近な自然環境の修復，再生，持続的利用について市民と協働し，保全活動を支援します。
> ●アクアマリンふくしまは，絶滅が危惧される動植物の繁殖育成の研究にとりくみ，地域の保全センターとしての役割を果たします。
> ●アクアマリンふくしまは，世界動物園水族館協会の会員施設として，グローバルな情報を発信し，世界の保全活動と連携します。

　この宣言を具現化する取り組みとして，環境再現型の体験学習の場の整備を行ってきました。開館5周年に当たる2005年には，里地の水辺の環境を再現した「BIOBIO かっぱの里」と干潟の環境を再現した「JUBJUB ひがた」を開設しました。その後 JUBJUB ひがたに，磯の環境を再現した「PICHPICH いそ」，砂浜の環境を再現した「RUNRUN はま」を増設し，2007年に「蛇の目ビーチ」が完成しました (**写真9-2**)。開館10周年に当たる2010年には，子ども体験館

写真 9-2　蛇の目ビーチと BIOBIO かっぱの里

「アクアマリンえっぐ」を増築，開館 15 周年にあたる 2015 年には，里山の環境
を再現した「わくわく里山・縄文の里」を開設しました。

　さらに，2015 年には，福島県のほぼ中央に位置する猪苗代町にある水族館の
指定管理を受けました。これにより，施設内だけではなく，フィールドでも，里
地，里山，海岸すべての環境下における体験活動を実施できるようになりました。

　当館では，これらの体験学習の場で実施する教育普及活動のテーマを「命の
教育」としています。このテーマに則り，水族館を訪れる子どもたちに次のこ
とを伝えることに主眼を置き，さまざまな学習機会を提供してきました。

・自然体験活動をとおし，五感をとおして生命を体感させる。
・多様な生物の繋がりによって生命が育まれていること，人間もその一端を担う
　存在であることを知らせる。
・生き物の命を頂戴することの意味を考えさせる。
・持続可能な社会の存続について考えさせる。

　その実施対象も一般の来館者向けの館内解説や体験型のイベント，参加者を
事前に募集して開催するスクール，学校団体を対象とした館内学習，子どもだ

写真 9-3　スクール「軟体動物ナイト」　　写真 9-4　猪苗代での教員セミナー

けでなく大人や小中学校の教員だけを対象にしたセミナーなど幅広く展開をしてきました（**写真 9-3，写真 9-4**）。

第3節　コロナ禍における新たな運営目標の設定

　2020年2月以降，水族館の運営にも新型コロナウイルス感染症拡大の影響が出るようになりました。この当時，当館では 230 名ほどのボランティアが一般の来館者向けの体験活動を実施していました。当館のボランティアは高齢者が多いため，重症化のリスクを考慮して，最初に活動を停止することになり，一般の来館者向けの普及活動がなくなりました。これに続き，スクールの中止，学校団体の来館がなくなったことから学校向けのプログラムもできず，当館の教育普及活動はすべて休止状態になりました。

　水族館自体も度重なる行動制限で来館者が少なくなったうえに，2020年は5月～6月，2021年は8月～9月は閉館することになり，運営状況が著しく悪化しました。

　この状況を打開するため，2021年7月に次の3つの項目からなる新たな運営目標をたてました。

(1) 子どもたちの未来を開く水族館

　生物多様性の減少，地球温暖化，海洋汚染など地球環境は悪化の一途をたどり，私たち人間の生活にも悪影響が出ています。現在の新型コロナウイルス感

染症もその一つと言えます。これらの問題を打開し，明るい未来への道を開く
のは，未来を担う子どもたちが，希望に満ち溢れた未来を創造し，英知を集結
して環境保全に取り組むしかありません。

　アクアマリンふくしまでは，子どもたちの明るい未来の創造を支援し，豊か
な海，豊かな地球を守るための新たな展示や体験活動を展開し，将来的には，啓
発の拠点となる「子ども海洋未来館（仮称）」の建設を目指していきます。

(2) 唯一無二の水族館

　アクアマリンふくしまでは，開館当初より福島県内から目前に広がる潮目の
海，さらには潮目を作る親潮と黒潮の源流域に生息する生物を忠実に再現した
自然環境の中で展示してきました。開館後には，里山，里地の水辺，海岸など
の環境を再現したビオトープを造成し，子どもたちの体験学習の場として提供
するなど，世界的にも類を見ない展示を行ってきました。これら館内外での環
境展示をさらに充実させるとともに，開館当初より調査研究を続けてきたシー
ラカンスをはじめ，当館でしか見ることのできない生物の種類数を増やすなど，
展示生物の独自性を強めていきます。このために，これまでに築いてきた国内
はもとより世界各地の水族館や研究機関，漁業者等の協力関係をさらに強化し
て，唯一無二の水族館を目指していきます。

(3) 地域とともに歩む水族館

　アクアマリンふくしまの入館者数は，東日本大震災とその後の風評被害によ
り，震災前の90万人から50万人台に減少しました。さらに，昨年来の新型コ
ロナウイルス感染症拡大の影響で30万人台にまで落ち込み，当財団の財務状況
は非常に厳しい局面に立たされています。この状況を好転させるには，当財団
だけでなく同様に苦境に陥っている多くの業種の方たちと地域全体で具体的な
手段を模索する必要があります。地域とともに考え，ともに歩み，地域全体を
活性化することで，この局面の打破を目指していきます。

第4節　ポストコロナ社会における教育普及活動

(1) 地域住民に傾倒した情報提供

　コロナ禍以前，当館では，県外からの来館者が約70％を占めていました。これに伴い，「福島県の豊かな自然や生物相を県外の方に知ってもらう」という趣旨の情報を提供してきました。しかし，コロナ禍においては，県外への移動が制限されたこともあり，一過性の観光客ではなく市内や県内から来館されるリピーターを対象とすることで安定した経営を目指すことになりました。当館が館内で再現しているのは福島県の自然です。地元の住民は，目を向けさえすれば本物の福島県の自然を見ることができます。このため，「福島県の自然のどこをどう見れば，何が見られて，何が分かる」といった，多角的な視点から見た情報提供へと変更する必要が生じました。このような情報の提供方法を展示，また，そこでの解説や体験活動でどのように行うか，ポストコロナ社会においては常にこれを意識して実施することが重要となります。

(2) 繁忙期から閑散期への移行

　水族館には，夏休みや冬休み等学校の長期休業期間中に多くの来館者が訪れます。コロナ禍前は，この期間に体験活動やイベントを開催し，多くの入館者を得る取り組みをしてきました。コロナ禍においては，これらの活動への参加人数を減らすことで，密を回避することが多くなっています。また，ゴールデンウィークやお盆など超繁忙期には，来館者の入館制限をすることもあり，入館者数を増やすことを目的としたイベントなどの実施は意味がなくなっています。

　ポストコロナ社会においては，比較的来館者数の少ない時期に体験活動を開催することで，来館者数に対する参加可能人数の比率を上げることや，誘客が主目的な活動を実施することで入館者数の底上げにつなげる取り組みが必要です。

(3) 遊びからの動機づけ

　コロナ禍以前から，学校をはじめ社会全体として子どもたちを予測不能な危

険が潜む自然から隔離しようとする風潮が強くなっていました。そのようなな
か，コロナ禍によってオンラインのコミュニケーションツールやデジタルコン
テンツが加速度的に普及，拡充し，さらに隔離が進みました。しかし，持続的
な社会の存続のために活動をする人材を育成するためには，環境や種の保全は
欠かせない要素であり，自然への扉を開き，さらには，足を一歩ふみださせる
場所とそれを支援する活動が必要です。アクアマリンふくしまの中に再現され
た自然環境は人為的に創作されたものです。本物の自然ではありませんが，ケ
ガやウイルス感染等の不安要素をコントロールすることができます。安心でき
る環境の中で，おおいに遊び，遊びが興味へとつながり，その中から探求心が
育まれる。このような施設づくりや体験学習の提供がとても重要だと考えてい
ます。

　また，コロナ禍によって激減した入館者を取り戻すためにも有効であり，安
定した施設の運営が，充実した活動のさらなる提供につながると考えています。

写真9-5　令和4年4月に開設した「どうぶつごっこ」

補論 **2**
私たちは動物とどう向き合うのか
——家畜が消える日⁉

第1節　家畜との出会いと未来

東京農工大学　**朝 岡 幸 彦**

　ジャレド・ダイアモンド著『銃・病原菌・鉄』[1]という本があります。興味深いのは，ピサロによるインカ帝国皇帝アタワルパの捕捉に象徴される，新大陸へのヨーロッパ人の征服を成功させた要因に「病原菌」を加えていることです。この病原菌の一つである新型コロナウイルス感染症（COVID-19）に苦しむ私たちにとって，病原菌のパンデミックが農耕・牧畜と深い関わりをもつという指摘は，私たちに多くの示唆を与えてくれます。

　「農耕民は，土地を耕し家畜を育てることによって，1エーカー（約4,000平方メートル）あたり狩猟採集民のほぼ10倍から100倍の人口を養うことができる」。「家畜は肉や乳，肥料を提供し，また鋤を引くことで食料生産に貢献する。そのため，家畜を有する社会はそうでない社会よりも多くの人口を養うことができる」。とりわけ，大型の家畜は ① 糞を肥料にできる，② 農耕に適さない土地の耕作（深耕）を可能にする，などのメリットも加わります。しかしこの家畜化の条件（① 餌の効率の良さ，② 成長が早い，③ 人間のそばで繁殖できる，④ 気性が比較的に温厚である，⑤ パニックを起こしにくい，⑥ 集団内の序列がはっきりしている）が，すべての野生動物に備わっているわけではありません。

　こうした栽培しやすい，家畜化しやすい（飼育と家畜化とは分けて考える必要がある）動植物を手に入れることのできた地域では，狩猟採集民より有利な立場で農耕牧畜を始めることができ，食料を多く生産することで「人口の周密な集団」を形成できたと考えられるのです。しかし，家畜との共生は「人獣共通感染症」という新たな脅威をもたらしました。天然痘やインフルエンザ，結核，マラリ

ア，ペスト，麻疹，コレラ，そしていま私たちが直面している新型コロナウイルス感染症（COVID-19）などのように，非常に深刻な症状を引き起こし，私たちの多くに死をもたらすものもあります。

　確かに，家畜との共生は農耕民に豊かな食糧とともに，「周密な集団」をつくることで，ますますリスクの高い感染症のブレイクアウトをもたらしました。こうした犠牲を払いながらも，家畜を飼い，周密に暮らすことで農耕民は，その人口を大きく増やしてきたのです。もちろん，家畜との共生をはじめとする人間と他の生物との接触が，いつも人間を病気にするわけではありません。少なくとも，こうした集団感染症に抵抗力のある遺伝子もった人々の子孫である私たちも，周期的に人獣共通感染症にさらされてきたことは事実です。このように農耕社会の始まりと都市の誕生は，病原菌にとって「とてつもない繁殖環境」をもたらしたのです。

　さて，本書は動物園・水族館の教育のあり方を主題としつつも，動物園や水族館そのものがこれからどのような役割を期待され，どのように変容していくのかも考える必要があります。この補論では，ウイルス学，獣医学，倫理学の専門家の視点から動物と人との関係の現状と未来を考えます。動物倫理学では，家畜を食料として飼育すること（とりわけ工業的畜産）の是非が問われています。またSDGsのゴールの一つである急激な気候変動の要因として家畜の排出物（とりわけ牛のゲップ）が問題とされ，エサとして消費される飼料穀物が世界の貧困や飢餓をもたらしているとの指摘もあります。そして，私たちの大きな脅威となっている感染症は，野生動物と人，野生動物と家畜，家畜と人との関係のあり方を見直すことを求めています。

　大きな厄災は，遠い未来のことと思われていたことを目前の明日の問題として実現することがあります。「私たちは動物とどう向き合うのか」を問い直す，ひとつの契機としてともに考えていただければ幸いです。

第2節　動物園では人獣共通感染症が逆転する
──ウイルス学の視点から

東京農工大学教授　水谷哲也

(1) はじめに

　2019年暮れに出現した新型コロナウイルスは瞬く間に全世界に広まりました。そしてこの稿を執筆している2022年秋においてもまだ終息していません。この時点だけを切り取れば、欧米ではすでに収束したような風潮があり、日本でも第7波は収まりつつあります。しかし、これまでの変異株の出現状況から考えると、新たな変異株がどこかの国で発生し全世界に広まる可能性は決して低くはありません。新型コロナウイルス感染症は人への感染を中心に語られていますが、動物も感染環における重要なプレーヤーであることは忘れられがちです。そこで、この稿では動物を診る獣医師、動物感染症の研究者として、新型コロナウイルス感染症を含む人獣共通感染症を動物の立場になって執筆していきます。多くの読者がウイルス学を専門とされていないことを予想しています。

(2) 人獣共通感染症と動物由来感染症

　人獣共通感染症とは、人にも動物にも感染する病原体による感染症のことです。人の立場で作られた用語なので、人獣共通感染症は必ず人に何らかの疾患をもたらします。一方、動物には必ずしも疾患を起こすとは限りません。例えば、重症熱性血小板減少症候群（以下、SFTS）はSFTSウイルスによる人獣共通感染症で、日本における致死率は15から20％といわれています。SFTSウイルスはほぼすべての哺乳類に感染すると考えられていますが、人、犬、猫では重症になることがあり、その他の動物では無症状の経過をたどります。このようにSFTSは人にとっては脅威である一方で、アライグマや牛などにとっては無害の人獣共通感染症といえます。一般には人獣共通感染症と表記されますが、厚生労働省は動物由来感染症と呼んでいます。これは動物から人に感染し疾患をもたらすという意味が前面に出ている用語です。

(3) 爬虫類は大丈夫か

　一般に人獣共通感染症のプレーヤーは人を含む哺乳類と鳥類です。爬虫類や両生類を含むこともあります。ミドリガメ（ミシシッピアカミミガメ）にはサルモネラ菌がいるから気をつけた方がよい，といわれています。著者はこのことについてはやや疑問の余地があると考えていますが，ミドリガメがサルモネラ菌を排出しているのなら，爬虫類も人獣共通感染症のプレーヤーとして考える必要があります。サルモネラ菌は細菌に分類されています。本稿で扱うウイルスによる人獣共通感染症については，爬虫類や両生類がプレーヤーになることはありません。魚類を由来とする食中毒は細菌が原因になることが多いのですが，魚類のウイルスが人に感染してくることもありません。

(4) ダニで増えるけど蚊では増えない

　人獣共通ウイルス感染症には，蚊やダニなどの昆虫（節足動物）がプレーヤーとして登場してくることがあります。前記のSFTSウイルスに感染した動物の体液に濃厚接触すると人に感染することはありますが，ダニを介する感染経路がメインです。ポリオウイルスなどのように人の間でしか感染環が成り立たないウイルスが存在している一方で，動物とダニの両方でウイルスが増殖して感染が成立するウイルスが存在していることは，ウイルス学的には非常に興味深いところです。哺乳類とダニは真核生物という括りはありますが，全く異なる生物です。その両方でウイルスが複製できるということは，この種のウイルスが増殖するときには体温の制約がないことを意味しています。動物の体温とウイルスの増殖については人獣共通ウイルス感染症を語るうえで重要なポイントなので，後述します。SFTSウイルスはダニの中で増殖しますが，蚊の中では増殖しません。哺乳類から見るとダニと蚊は近い生物ですが，SFTSウイルスが蚊の中で増えられないのは不思議な現象です。このことには理由があるのですが，解説が長くなるので別の機会に譲ることにします。

(5) 蚊で増えるウイルス

　蚊で増殖する人獣共通ウイルス感染症についても触れておきましょう。日本脳炎という感染症をご存じの方は多いと思います。日本脳炎は日本脳炎ウイルスによる人獣共通ウイルス感染症です。日本では養豚場の豚の中で持続的に感染していることがあり，感染豚を吸血した蚊が人を刺すことにより人への感染が成立します。このように日本脳炎ウイルスは蚊が媒介しますが，ダニは媒介しません。仮にSFTSウイルスと日本脳炎ウイルスが豚に感染していて，ダニと蚊がその豚を吸血する場合に，ダニの中ではSFTSウイルスが選択され，蚊の中では日本脳炎ウイルスが選択されてくると考えられます。人から見れば小さいウイルスですが，増殖できる宿主を選択しているのはとても不思議です。ちなみにSFTSのワクチンはまだありませんが，日本脳炎にはワクチンがあるので予防が可能です。

(6) 弱毒生ウイルスワクチンの作り方

　人獣共通ウイルス感染症のキープレーヤーがそろってきました。ここで少しだけ本筋から離れますが，体温とウイルスの増殖について触れておきます。ウイルスが感染細胞内で増えるということは，ポリメラーゼのようにウイルスゲノムを複製する酵素が働いているということです。ポリメラーゼ以外にもプロテアーゼやヘリカーゼといった酵素が働いています。これらの酵素のほとんどはウイルスがもっています。酵素が働くためには最適な条件が必要になります。例えば37℃で最も活性をもつ酵素は，37℃から1℃，2℃と離れた反応条件になるにつれて活性が落ちていきます。ウイルスのもつ酵素も同様のことがいえます。37℃の人の体温で最も増殖できるようなウイルスは，40℃の体温のコウモリの体内では増殖効率が落ちてしまいます。ウイルスの増殖効率が落ちると，免疫に叩かれやすくなります。この現象を利用したのが弱毒生ウイルスワクチンです。弱毒生ウイルスワクチンの作り方を簡単に説明しましょう。人で強毒なウイルスは37℃で最も増殖できます。これを異なる体温の動物に感染させて，その体温でよく増殖する変異株を選択します。その変異株は37℃の体温の人で

は増殖の効率が落ちてしまいます。したがって，弱毒生ウイルスワクチンを接種された人は，ウイルスがゆっくり増殖している間に免疫が用意されて駆逐できることになります。このときにできた抗体はメモリーされていますので，その後このウイルスに感染しても駆逐できることになります。

(7) この理論には例外がある

　ウイルスの増殖効率は感染した生物の体温によることを説明してきました。しかし，ここに大きな矛盾が生じています。日本脳炎ウイルスは豚でも蚊でも人でも増殖できます。豚の体温は 39℃，蚊は一定していませんが低い体温，人は 37℃です。このことから考えると，日本脳炎ウイルスはどのような体温でも増殖できるようになっていると考えられます。これは不思議なことです。なぜなら，日本脳炎ウイルスがもつ酵素には最も適した温度というものが存在していないことになるからです。体温差を乗り越えられるウイルスは要注意です。ウイルスの宿主域が体温で制限されていないために多くの動物に感染する可能性があるからです。

(8) 特定の細胞にしか感染できない

　人獣共通ウイルス感染症にはもうひとつ押さえておかなければならないポイントがあります。ウイルスが生物に感染するための第 1 歩は，細胞表面にあるレセプター (受容体) に結合することです。例えば新型コロナウイルスは細胞表面上の ACE2 (アンジオテンシン変換酵素 2) をレセプターとしています。ACE2 は新型コロナウイルスに結合するために存在しているのではありません。その名の通りアンジオテンシンを変換する酵素なので，私たちの体には必須の蛋白質です。ウイルスとレセプターの関係は不思議です。ウイルスの立場から考えると，細胞表面の特定の蛋白質に結合するということは，その蛋白質をもっている生物が宿主になることを意味しています。ACE2 はすべての哺乳類がもっているといっても過言ではないほどのメジャーな蛋白質ですが，生物間では形が異なります。つまり，新型コロナウイルスは人の ACE2 には結合しやすいが，

豚の ACE2 には結合しにくいという種特異性ももっています。種特異性がある
ということは，どんな生物にも感染できるという可能性を消し去り，感染でき
る生物が制限されてしまうことを示しています。さらに，臓器特異性について
も考えなければなりません。肝炎を起こすウイルスは肝臓に特異的に感染しま
す。このようにウイルスが特定の蛋白質をレセプターにするということは，種
特異性と臓器特異性という感染域に自ら制限をかけていることになるのです。

(9) 壁を乗り越える

　ウイルスとレセプターの関係を理解していただいたうえで，日本脳炎ウイル
スの話を思い出してください。豚と蚊と人の間で感染環が成り立っているウイ
ルスです。日本脳炎ウイルスは豚と蚊と人のレセプターを利用して感染する必
要があります。このウイルスは体温の壁を越えて増殖していると書きましたが，
種間のレセプターの壁も乗り越えていることがわかります。現在，私たちは新
型コロナウイルス感染症だけに注目していますが，世の中にはさまざまなウイ
ルス種が存在し，それぞれのウイルスが特有の戦略をとりながら感染を拡大し
ようとしています。人獣共通ウイルス感染症はそれらの壁を乗り越えることが
できたウイルスであることを改めて認識したいところです。

(10) 水族館は安全

　この本は動物園，水族館と教育について多角的に解説されています。ここで
は，動物園や水族館における人獣共通ウイルス感染症について述べていきましょ
う。まず，水族館においては人獣共通ウイルス感染症が発生する可能性はあり
ません。水槽の中で魚たちが泳いでいるので，入園者とは明確に物理的な隔た
りがあるからです。イルカショーなどは開放系なのでウイルス感染の可能性が
あるのではないか，と考える方もいるかもしれません。確かにインフルエンザ
ウイルスがイルカに感染することはあります。しかし，これまでイルカショー
で人にウイルスが感染したという例はありません。非常に稀な可能性を考える
のでなければ，水族館で人獣共通ウイルス感染症が発生することはないのです。

それでも飼育者から海獣にウイルスを感染させる危険性があることは付け加えておきます。なお，魚類に感染しているウイルスが人獣共通ウイルス感染症になったこともありません。

(11) 飼育者が感染源

　動物園はどうでしょうか。新型コロナウイルスが動物園の動物に感染した例を挙げながら考えていきましょう。新型コロナウイルスは人とネコ科の動物に感染しやすいことがわかっています。アメリカの動物園のニシローランドゴリラが新型コロナウイルスに感染し死亡したことが話題になりました。ゴリラは人に近いので感染が成立したと考えられます。また，動物園のチーター，ライオン，ユキヒョウも感染したことが知られています。これらはネコ科の動物です。動物園の動物への感染経路は 3 通り考えられます。最も可能性が高いのは飼育者から動物への感染です。新型コロナウイルスに感染しても無症状の飼育者がマスクを装着することなく，動物園の動物に接した場合に感染が成立します。動物園の例ではありませんが，欧米のミンク農場のミンクの間で新型コロナウイルス感染症が流行したことがありました。このケースは飼育者からミンクへの感染であることが明らかになっています。

(12) 野生動物が犯人か

　動物園で人獣共通ウイルス感染症が発生する第二の可能性は，入園者が感染源になることです。このケースは確固たる証拠はないものの以前から考えられていた感染経路です。水族館よりも動物園の方が，人と動物との距離が近いことが発生の要因になります。ただし，飛沫感染や空気感染の経路を主とする呼吸器ウイルスにほぼ限られています。新型コロナウイルスは少なくとも飛沫感染を起こすので，入園者から動物への感染が成立する可能性があります。第三の可能性は野生動物から動物園動物への感染です。豚熱（豚コレラ）はこのウイルスに感染している野生のイノシシが豚舎に侵入することにより感染が成立しています。もしくは，感染したイノシシが豚舎の外にあるエサの貯蔵場所に侵

入することによりエサが汚染され，そのエサを食べた豚が感染するということも考えられます。動物園においても同様のことが起こっている可能性があります。野生動物が保有しているさまざまなウイルスは動物園動物に感染する可能性を有しています。動物園動物の健康を維持するために気をつけるべきポイントのひとつです。

(13) ミンクが起点になった

　新型コロナウイルスがミンク農場のミンクに感染したという事例があると書きました。これには後日談があります。ミンクは新型コロナウイルスに感受性が高い動物で，ミンク農場では密飼いされています。したがって，新型コロナウイルスがミンク農場に侵入すると瞬く間に感染が広まってしまいます。しかも，ミンクの致死率は10％程度といわれているので大きな被害を出してしまいます。海外ではミンク農場から脱走したミンクを捕まえてみたら新型コロナウイルスに感染していたというケースがありました。また，ミンク農場の周辺で生活している野良猫が新型コロナウイルスに感染していたという報告もあります。このようにミンク農場のミンクを起点として，野生動物への感染が広まる可能性があるのです。また，ミンク農場のミンクで変異した新型コロナウイルスが人でも流行したことがありましたが，強毒化はしていませんでした。この事例は体温差を埋めるために弱毒変異したと考えられます。

(14) 絶滅危惧種を救うために

　新型コロナウイルスに感染してしまったニシローランドゴリラは絶滅危惧種に指定されています。動物園には稀少な動物が多く，感染症によって死亡させることは避けなければなりません。これを回避するためには飼育者や入園者からの感染を阻止すること，野生動物の侵入を遮断することが重要です。さらに，出来る限りワクチン接種を行い，感染症を予防することも有効な対策になります。新型コロナウイルス感染症ではアメリカの獣医療メーカーがワクチンを製造して，アメリカ国内の動物園に配布しました。人による自然破壊で絶滅の危

機に追いやられている動物たちに対して，人から新型コロナウイルスを感染させることにより絶滅させてしまうことは絶対に避けなければなりません。この観点から，動物園動物への積極的なワクチン接種の試みは正しい判断といえます。さらに，絶滅の危機にある野生動物への感染についても考えていかなければなりません。

(15) 動物園では逆転する

　ここまで読まれた方はお気づきでしょう。人の立場から人獣共通ウイルス感染症を語るときには，動物が感染源になっています。しかし，動物園における人獣共通ウイルス感染症を語るときには，人が感染源になるのです。冒頭で人獣共通感染症は動物由来感染症とも呼ばれていると書きましたが，動物園においては人と動物の関係が逆転して「人由来感染症」になります。私たち人間が感染症における加害者になるということは，動物園教育において必要な事項のひとつではないでしょうか。

第3節　家畜飼養による環境負荷＝メタン及び排泄物の排出について
——獣医学の視点から

東京農工大学名誉教授　渡辺　　元

(1) はじめに

　私の立場としては気が進まないテーマです。私は獣医生理学を担当し，40年間獣医師を養成してきました。専門分野は繁殖生理学です。牛や豚，鶏などの肉，鶏の卵を食用に供するため，人類が長い年月をかけて改良してきた家畜を継続的に増産するには，その根幹として繁殖が欠かせません。人間が健康を維持するために必要な栄養素をバランスよく含んでいる食品「完全栄養食」の一つと言われる鶏卵は，雛となるために必要な栄養を含んでいるのですから，栄養価が高いのは当然です。乳牛は本来ならば自分が産んだ子牛に与えるために生産する牛乳を，人間が食用とするために必要以上に生産できるよう改良（牛

にとっては必ずしも良くはない）されてきました。哺乳動物は，子が育つ間お乳を提供する必要があり，そのためには今哺乳している子が離乳するまで次の子をしばらくは妊娠しない仕組みが存在します。その仕組みを変え，あえて乳を必要以上に出させ，さらに乳を出しながら妊娠までできる動物を選抜作出してきたのが現在の乳牛です。その結果，繁殖に伴う問題がなくならないのも当然かもしれません。そのような問題の原因を究明し解決することは，さまざまな良質なタンパク質の供給源である家畜の生産物の増産につながります。人類の健康を増進するためには，家畜の生産性をより高めることによって生産物を多くの人々に行き渡らせることが善であるとずっと考えてきました。

(2) 「如何に増えなくするか」

　現在，農畜産漁業は，世界規模での人口増加に対応するため，人間の食物確保のためにはあまりある食物生産が可能となるさまざまな技術を開発してきたと思われます。しかしながら，人口密集地域と食物生産量が多い地域が地理的に一致しないため，いまだに飢餓に喘ぐ地域がある一方で，消費しきれなかった食料を廃棄している国や地域があるのも事実です。また，人間が侵入し開発したことによって多くの野生動物の生息域が狭められた結果，個体数が減少したり，種が絶滅する例が多くある一方で，個体数の増加が生態系に大きな負荷を与える例が問題になってきています。日本では鹿や猪が増えすぎて，森林破壊が起きている事例が報告されているのです。人間が持ち込んだ家猫などの移入動物が増え，従来生息している動物たちの生存を脅かしている事例も問題となります。私が研究してきた繁殖生理学の研究は，従来家畜の生産性を向上させることを目的としてきましたが，近年はその技術をその生態系に適切な野生動物の個体群の管理，すなわち「如何に増えなくするか」という技術にも応用する必要性が増して来ています。

　生物学的には人間は，自分で無機物から有機物を合成する能力がないため，生物である植物あるいは他の動物を食物として摂取して栄養源とする必要のある従属栄養生物です。どのようにして他の生物を栄養にしていくかを追い求めな

ければ生存できません。この事実は変わりませんが，近年，家畜（動物）を食べることに対してさまざまな逆風が吹いています。動物愛護精神の普及やベジタリアン，ヴィーガンの人々の増加に加え，家畜のゲップや糞尿などの排泄物の増加が地球環境にさまざまな負荷を与えているというのです。

　近年，生活水準の向上に伴い食の安全安心に対する要求が高まっている国々が増えています。今も昔も食品の一次生産を担う農業は，人口の増加による食糧不足への対応のため，今でも生産性の向上がまず求められます。畜産を含む農業の生産性を下げる大きな要因に，病害虫による損害があります。そのため，殺虫剤による害虫の駆除や，家畜に対する抗生物質投与による病気の予防や治療などいわゆる農薬の利用によって，収量を増加させて来ました。その反面，殺虫剤による生態系の破壊とその残存，地球規模の拡散による環境ホルモン問題，化学肥料の多給による土壌生態系の崩壊や，抗生物質の不適切な使用による耐性菌の出現など，未だに解決できていない問題が山積しています。農薬に留まらず，人間が自分たちの生活向上のために生産してきたさまざまな化学物質が，マイクロプラスチックとなり，あるいはそれに吸着されて地球全体に拡散し，あらゆる生物に行き渡り，農業や漁業によって供給される食品を介して人間に影響を与えている事実が明らかにされつつあるのです。人が生産した化学物質の影響は地球上のすべての生命の将来に影響を与えていることは間違い無いと思われます。

(3) 生態学的手法の活用

　そのような状況で，生産性の効率よりも安全な農産物の生産を求め，生物がもつ本来の生理的能力である免疫機能の活性化や，生物相互による調節機能に着目した生態学的手法の活用による農産物の生産が，多くの人々によって求められるようになってきました。その一つである有機農業では，油粕や米ぬかなど植物性の有機物，家畜糞や魚粉，カキ殻など動物性の有機物を原料にした肥料である有機質肥料を用いる農業である。肥料の効果がゆっくり現れ，長く続き，じわじわ効くので，農作物もゆっくり健全に生長すると考えられています。

土壌中の微生物の種類が増えるとともに土の養水分を保持し供給する力が高まる団粒構造を形成するといわれます。有畜農業では穀物や野菜の生産に畜産を取り入れることの効用として，畜産物の生産，肥料の生産，畜力利用などがあげられます。また，農作物の茎葉，野菜くずなどの飼料への利用のほか，飼料作物を作物の一つとして組み込むことにより，土壌の地力維持を図ることができるのです。有畜農業は，穀物生産に加えて飼料作物として栽培牧草や，根菜類などの作物の栽培を行い，「家畜なければ農業なし」といわれた西欧において発達しましたが，近年日本においても自然力を利用し自然生態系の中で安全な食品を供給することが求められるようになってきました。持続可能な農業にとって，耕畜連携を進め，環境に配慮した有畜農業は，今後ますます重要になると私は考えています。

　一方，家畜の生産性を高めるため，たくさんの家畜を集約的に飼育することによって，大量に発生する糞尿による環境への負荷は大きな問題となっています。日本における家畜の年間排泄量は1999年度時点で合計年間9,300万トンと推定されます。それに含まれる窒素総量は約74万トン，リン総量は約12万トンと推定され，化学肥料に比べると窒素で約1.2倍，リンの約4割に相当します。日本全体を見ると家畜の排泄物量と全農地の受容量とはバランスが取れているようですが，現実には家畜飼養地域が極端に偏っているため，地域によっては大きな環境負荷がかかっているのも事実です。このような問題を解決する手段の一つとして，家畜の飼養頭数が多い地域では，家畜の糞尿を適正に処理して安全かつ長期保存が可能になるよう加工をすることにより，バイオマス資源として土地改良資材や肥料に利活用することが重要となります。

(4) 牛のゲップとメタンガス

　また，牛や羊，山羊などの反芻家畜は，人を含む哺乳動物が消化分解できない植物繊維を，その特徴的な消化器系である反芻胃の第一胃ルーメン内に共生させている原虫や細菌類によって分解して利用できるように適応進化した，進化的に極めて成功した動物たちです。しかしながら，この素晴らしい能力が，一

方で地球の温暖化を進める原因の一つと考えられています。牛が食べた餌はルーメンに共生する微生物によって脂肪酸に分解され，ルーメンから吸収され，牛のエネルギーとなります。その際，ルーメン内の微生物は分解の産物としてメタンガスも生産します。牛は食べた植物をルーメン内の微生物が分解しやすくなるように反芻胃から口に戻して噛み砕くとともに，よくゲップをするのです。このゲップに含まれるメタンガスが地球温暖化の重要な原因になっているというのです。牛 1 頭がゲップやオナラとして放出するメタンガスの量は，1 日 160 ～320 リットルとも言われています。メタンは他の温室効果ガスに比べて大気中での寿命は短いものの，二酸化炭素の 30 倍以上の温室効果をもたらすと推定されています。

　このメタンガス生成問題の解決のために，牛に与える飼料の改善や牛用のマスクの開発など，メタンの排出量を削減するためのさまざまな取り組みが行われています。カシューナッツの殻からえられた成分を飼料に加えることでメタン生成を 20～30％低減できるという報告があります。コーヒー豆の搾りかすを原料とした成分でメタンガスを 50～70％削減できたとの報告もあります。ルーメン内に共生する微生物の生態系を解明し，メタンガス生成の少ない微生物群を選抜することや，品種改良により牛のもつルーメン環境を変えてメタン生成が少ない牛を育成する取り組みも行われています。遺伝子組み換え技術を用いてメタン生成が少ないルーメン内微生物を作成することも可能でしょう。

　日本ではあまり聞き馴染みがないカギケノリ（学名 *Asparagopsis taxiformis*）は，北部ヨーロッパ，アメリカ太平洋沿岸や太平洋熱帯域，太平洋側の日本近海に分布する赤紫色をした紅藻類の一種です。少量の乾燥カギケノリを穀物飼料に混ぜて牛などの家畜に与えたところ，ゲップやオナラで出るメタンガスが劇的に減ったといいます。メタン生産が 99％近く減少したという報告もあります。

　以上のように地球温暖化の重要な原因の一つとなっている牛のゲップ由来のメタンに関しては，その排泄量を削減するために各国でさまざまな取り組みが行われているのです。家畜や農作物は，長い年月をかけて人間が求めた飼い方，育て方に適応できた動物や植物を選抜し，育成することによって生み出されて

きました。食肉産業を取り巻く環境問題は，牛のゲップ以外にも山ほどあります。放牧地拡大のための森林伐採や，肥料使用から輸送まであらゆる局面で環境汚染が起こっているのも事実です。しかしながら，地球環境のために多くの人にとって慣れ親しんできた食生活を大きく変化させることは容易ではありません。

　今後，昆虫食や植物や微生物由来の代替タンパク質など，さまざまな技術革新によって人類の欲望を満たす試みが行われるでしょう。大切なのは，野生動物と同様に家畜も環境に適切な数に管理するために，科学的な調査と研究を推進することでしょう。今後も家畜との共存の道を探ることは重要なことで，さまざまな技術の発展とその実用化に期待したいと思います。

第4節　〈生〉としての動物を食べる意味：
　　　動物を殺すことへの〈ためらい〉とその行方
　　　──倫理学の視点から

東京農工大学講師　大 倉　　茂

(1) スーパーの風景

　「今日の晩ご飯はなにになにしようかな」と思いながらいつも大学をあとにします。「外食するのも手だよな」と考えつつも，結局スーパーによって食材を買って家にかえります。スーパーはおおむねお店に入るとすぐに野菜や果物の売り場が展開されています。そして，その後，魚介類の売り場，そして本稿の主題となる肉の売り場が続くというつくりになっています。「今晩はこれ！」というようにすでに決まったレシピがある場合はすんなり買い物が終わりますが，そうではない場合は野菜・果物売り場，魚介類売り場，肉売り場を行ってはもどりを繰り返すことになります。ようやく空腹とも相談して作る料理も決まったとなると，最後に肉売り場で肉を選ぶことになります。そこではじめて食品用ラップフィルムを通して肉と向き合うことになります。

　この肉との向き合い方は，他の食べものに比して少々特異な向き合い方です。

その是非はさしあたり置いておくにしても，野菜・果物と魚介類とは異なります。野菜・果物は，可食部が場合によって非可食部も含めてまとまって売っています。したがって，スーパーで野菜・果物を買って帰った場合，自宅で可食部と非可食部を切り分ける作業が必須です。では，魚介類はどうでしょうか。貝，エビ，カニ類は，いろいろなケースがあるにせよ，貝，エビ，カニのそのままの形で売られていることもあります。魚類は現在，切り身になって売られているケースが主です。ただサイズが小さいものは，内臓は取り除かれているものの，生きているそのままの形で売られていることもあります。すなわち，野菜・果物や魚介類は，スーパーに並んでいる状態から生きている痕跡をその形態から類推することが可能であり，〈生〉を食すことを感じるきっかけはあります。

　他方で，肉はしゃぶしゃぶ用，カレー用，ハンバーグ用などさまざまな調理にあわせて加工されてスーパーに並べられています。そうなるとこの肉が牛・豚・鶏のどの部分を構成していたかなど想像することもできません。比較的形態を残している鶏肉の手羽先，手羽元を見たとしても，そこから直接鶏の形態を類推することは困難でしょう。したがって，肉にたいしては〈生〉を食すことを感じるきっかけがかなり少ないといえます。

(2)〈生〉を食す

　では，〈生〉を食すという感覚から遠ざけられる肉に特異な私たちの向き合い方はなぜ生まれてくるのでしょうか。まず考えられるのは，サイズの問題ではないかということです。もちろんサイズの問題は大きいでしょう。たしかに牛・豚・鶏のサイズが少々大きいので，スーパーで売る場合は，切り身にされている部分が牛・豚・鶏のどの部分を構成していたかを想像できないほどに小さくせざるを得なくなるということです。しかし，このことのみが肉に対して〈生〉を食すという感覚から遠ざけられる理由にはならないように思います。なぜ理由にならないかというと，マグロの解体はショーとして見世物にできるのに，マグロより小ぶりの鶏でさえ，その解体はショーとしておそらく成立しません。鶏の解体をショーとして見世物にするには私たちには決して小さくない〈ためら

い〉があるのです。牛や豚であればいうまでもないでしょう。

　このように考えると，肉を食べるために，私たちはわざと〈生〉を食すという感覚から遠ざける努力をしているのではないかと考えることも可能です。

　言うまでもなく，これまでずっと〈生〉を食すという感覚から遠ざける努力をしてきたわけではありません。よく知られているように，鶏をしめることもいまよりずっと身近に行われてきましたし，家畜を屠殺することも現代よりは身近であったはずです。したがって，〈生〉を食すという感覚から遠ざける努力，もっと言えば〈生〉を遠ざける努力は歴史的に時間をかけて行われてきたことです。

(3) 優れている人間

　思えば，私たちは人間なので，ひとつの動物種であるわけですが，私たちは動物であることを積極的に考えないようにしているふしもあります。私たち人間は，動物と区別することで，人間としてのアイデンティティを確立してきたともいえます。人間は動物と違って，理性をもっている。人間は動物と違って，道具を使うことができる。人間は動物と違って，言語を使うことができる。このような言説にふれることはそうめずらしいことではないでしょう。このように人間と動物を積極的に区別し，同時にただ区別するだけでなく，人間と動物の間に価値勾配をつけるわけです。すなわち，動物は人間より劣っている，ないし人間は動物より優れているといったように，です。この傾向は，古代にも散見される考え方ですが，近代になって理性重視の社会になることでより顕著になっています。例えば，近代の幕開けを代表する一冊ともいえるデカルト（1596-1650）の『方法序説』（1637）で動物が語られている箇所を紹介しましょう。「良識はこの世でもっとも公平に分け与えられているものである[2]」という一節から始まり，良識や理性がすべてのひとに平等にそなわっていることをデカルトは主張しています。その中で，「理性すなわち良識が，わたしたちを人間たらしめ，動物から区別する唯一のものであるだけに，各人のうちに完全に具わっていると思いたいし，その点で哲学者たちに共通の意見に従いたいからだ[3]」と述

べています。ここからわかることは，理性が人間を人間たらしめていることだけでなく，その理性が人間と動物を区別し，同時にそれが唯一のものであるということです。さらにそれが「哲学者たちに共通の意見」であるとまで言っているのです。この理性重視の姿勢は，そのままその後の啓蒙主義にも引き継がれることになり，先にも述べたように，近代社会の基調をなす考え方になっていきます。人間は理性的でなければならない，野蛮であってはならない，文明化されなければならないといったような考え方であるといえるでしょう。この考え方は，動物を殺して食べることを後押ししますし，人間の理性的な，あるいは科学的な探究のために動物を利用することも後押ししますし，動物を檻に入れて見物することも後押しします。日本社会においても近代化以降，肉食，ときに動物を利用する科学，そして動物園が本格化していったことを考えると近代社会の基調をなす考え方がこれらを後押ししたこともうなづけるのではないでしょうか。

　そもそも人間は動物で，睡眠を取り，食事をし，排泄をすることで〈生〉をまっとうできるわけですが，近代社会の基調をなす考え方においては，その動物と強くひもづけられた人間の中の〈生〉がときに疎ましくなってくるのです。体臭を消すべく，香水やデオドラントスプレーを使用したり，トイレで排泄をすませた後になにもなかったかのように水で流したり，人間の〈生〉をわれわれは積極的に見ないようにする所作や規範でいっぱいです。人間にとって，人間が人間より劣位にある動物のひとつであることは覆いかくしてしまいたいと思っているかのようです。このように考えると，動物より優位に立つ人間が，人間より劣っている動物を食べるということは，その動物を食べることが人間の動物への優位性を確認するひとつの儀式になっているともいえるかもしれません。動物を食べることで，人間が動物より優れていることを確認するのです。

　しかしながら，現代社会は，さきほども見てきたように，動物を殺すことを日常生活の中で目にすることはありません。「食肉工場」と比喩的に表現しうるような閉ざされた状況の中で，家畜は生まれ，育てられ，殺されて，食肉化されていくわけです。このように考えると，先に述べたように人間が動物を食べ

ることにより，人間が動物に対する優位性を確認するということと矛盾があるように思われます。すなわち，もし人間が動物に対して優位性を示したいのであれば，動物を殺すことも可視化してしかるべきではないかということです。動物は食べるけど，殺すのは〈ためらい〉がある。そういった矛盾を抱えているのが現代社会の食肉をめぐる状況なのではないでしょうか。

(4) 強まる〈ためらい〉

　近代社会は理性重視の社会であって，理性が人間を人間たらしめ，理性は動物と人間を区別し，人間と動物の間に価値勾配をつけます。たしかにこういった考え方は近代社会の基調をなす考え方ではあるのですが，徐々にこの考え方も反省を迫られることになっていきます。

　この〈ためらい〉が強くなっていくひとつのきっかけはやはり進化論にあるといえるでしょう。ダーウィン（1809-1882）の『種の起源』（1859）をきっかけとしてそれまでのキリスト教の考え方を基礎にした創造説にかわって進化論が，私たち人間はどこからきたのかという問いに説得的に説明できるようになってきており，それを受け入れるようになってきました。ダーウィン以降の進化論は，本稿の文脈から大きくまとめてしまえば，人間と動物との連続性を強調する考え方です。この考え方は，人間と動物を区別する，言い換えれば人間と動物との不連続性を強調する近代社会の基調をなす考え方とは相反する考え方であることは言うまでもありません。そのように考えると，ダーウィン以降の進化論が素直に社会で受け入れられたわけではないことも当然かもしれません。ダーウィン以降の進化論は，われわれに人間と動物の差は，質的な差ではなく，量的な程度の差であることを突き付けたことになります。人間と動物の間は理性のある／なしで質的に隔絶しているのではなく，連続しているということは，先にも述べたように近代社会の基調をなす考え方とは相反する考え方であり，人間の動物に対する優位性を突き崩す可能性をもっているといえます。

　この人間と動物は不連続ではなく，連続しているという考え方は，ダーウィン以降も生物学や心理学の研究によって強まってきています。人間は動物と違っ

て理性をもっていて，道具を使うことができ，言語をあやつることができることを論拠に近代社会の基調をなす考え方は作り上げられているわけですが，動物によっては道具を使っている種もある，動物も人間の言語と差はあるにせよ，言語的なコミュニケーションをとっている，チンパンジーも簡単な計算であればこなしてしまう，といった科学の研究成果を皆さんも耳にしたことがあるかもしれません。こういった科学の研究成果は，いよいよ人間と動物の間に質的な差がないことをわれわれに突き付け，近代社会の基調をなす考え方がどんどんゆらいでいく結果になります。そうなると動物を殺して食べることの〈ためらい〉が強くなっていくことにつながっていきます。

　このように食肉への〈ためらい〉が強くなっていったことのひとつの結果が，ベジタリアニズムや昨今のビーガニズムに連なっていっているといえます。もちろん，ベジタリアニズムやビーガニズムを理論的に下支えしているのは，動物解放論です。ルース・ハリソン『アニマル・マシーン』(1964) が工業的畜産のありようを告発したことを嚆矢として，工業的畜産や動物実験に疑問の声が高まってきます。この頃はちょうど新しい社会運動が立ち上がっていた頃であることも大切かもしれません。工業的畜産や動物実験から動物を解放しようとする動物解放論は，さまざまに議論がなされていますが，おおむね人間と動物の間に質的な差をもうけないこと，さらに人間と動物の間に価値勾配をもうけないことに議論の焦点があると見てよいでしょう。したがって，動物解放論はダーウィン以降の人間と動物は不連続ではなく，連続しているという考え方を共有しているといえます。共有しているどころか，よりそういった考え方を先鋭化しているともいえます。となると，肉食に〈ためらい〉が出てくるどころか，ベジタリアニズムやビーガニズムのように，肉食を忌避する考え方が出てくることもうなずけるのではないでしょうか。

　蛇足ですが，この〈ためらい〉はおそらく食肉や動物実験にとどまらないでしょう。動物園廃止論も上記の動物解放論を主たる論拠としており，捕鯨問題や野生動物管理問題も同様です。人間によって手段化されている動物一般にひろがっていく可能性もあります。今後の動きを注視しておきましょう。

(5)〈ためらい〉の行方

　この〈ためらい〉はどうなっていくのでしょうか。食肉の話に戻せば，やはり動物を殺すことはためらわれるので，動物を殺すのはやめようということになるのでしょうか。あるいは，いつのまにやらこの〈ためらい〉は雲散霧消して何事もなかったかのように食肉を続けることになるのでしょうか。

　しかしながら，以下のような問題もあります。「地球上の陸上動物の中で，総重量が一番重い動物をご存知だろうか。答えは，ウシで，陸上動物の総重量の約40％を占める。もしも宇宙人が地球を訪れ現地調査をしたら「地球はウシの星である」と報告するかもしれない。ブタ，ヒツジ，ニワトリ，ウマを合計すると総重量の23％となる。これらは主にヒトが食べるために飼育している家畜である。では，わたしたち人類はどのくらいであろうか。意外に重く，ウシに次いで全体の20％を占める。一方，野生動物の総重量はせいぜい17％，ととても少ない[4]」。ウシが40％，ブタ，ヒツジ，ニワトリ，ウマの合計が23％，人間が20％なので，陸上生物のうち83％が人間あるいは家畜なのです。その環境負荷の高さは言うまでもありません。これらの家畜を飼育するために，飼料用作物を作っています。その飼料用作物を人間の食糧生産にあてられれば，今後引き続き世界人口の増加が見込まれる中で，その人口増加にも対応可能かもしれません。そうなると，動物を殺すことの〈ためらい〉などとは別の環境問題や人口問題の文脈で，肉食ができなくなる可能性もあります。そしてこの線も濃厚なのではないかと思っています。

　われわれが日常的に行っている肉食。じつはそれをめぐる状況は非常に混沌としています。肉食，さらには人間と動物の関係を再考すべきときが確実に来ています。ふとしたときに動物を食べる意味を皆さんも考えてみてはいかがでしょうか。

注
1）ジャレド・ダイアモンド著，倉骨彰 訳（2000）『銃・病原菌・鉄―1万3000年にわたる人類史の謎』（上・下）草思社
2）デカルト著，谷川多佳子訳（1997）『方法序説』岩波書店，p.8

3）同上書，p.9
4）川幡穂高（2022）『気候変動と「日本人」20万年史』岩波書店，p.223

参考文献

水谷哲也（2020）『新型コロナウイルス—脅威を制する正しい知識』東京化学同人
水谷哲也（2020）『新型コロナ超入門—一次波を乗り切る正しい知識』東京化学同人
大倉茂（2015）『機械論的世界観批判序説』学文社

終_章

博物館としての動物園・水族館の課題と可能性

海と博物館研究所所長　高田浩二

第1節　博物館の歴史と法整備の背景

(1) 博物館，動物園の誕生と教育への期待

　本章では，江戸末期から明治期の博物館黎明期を経て今日までの約150年間を振り返りながら，1951 (昭和26) 年に誕生した博物館法，2009 (平成19) 年および2023 (令和5) 年4月に改正施行される新たな博物館法までの間，特に動物園水族館はどのように法令整備にかかわったのかを，各時代での博物館の役割や社会情勢，教育や周辺の関連法などとの間で変容してきた道程を俯瞰しながら，博物館としての動物園水族館教育の今後の姿を展望します。

　まず，我が国において「博物館」に類する呼称は，江戸末期に欧米等の諸外国を視察した人々の報告に「百物館」「医学館」「博物所」「古物有之館」「博物館」「展覧場」「鳥畜館」「草木館」等がありましたが，定着の契機は1866 (慶応2) 年に福沢諭吉が著した『西洋事情』に「博物館ハ世界中ノ物産，古物，珍品ヲ集メテ人ニ示シ，見物ヲ博スル為ニ設ルモノナリ」と記したことで，次第に「博物館」が浸透したとされています。[1] 呼称の定着を狙ったわけではないにせよ，福沢のこの報告文ですでに博物館の基本的役割は，資料の収集，保管，公開展示をする場であると解釈されていたと思われます。

　やがて博物館が，明治初期の近代学校教育の創生期において，児童生徒に限らず国民への教育機能の一端を担っているとされ，当時，学校教育の傍らにある社会教育側に対し教育博物館と呼び，博物館には国民に対する教育の役割が大きいと行政府からも認識されていたことが伺えます。[2] そのようななか，我が

国最初の動物園とされる上野動物園は，1872（明治5）年に開催された博覧会で開館した東京国立博物館の附属施設として始まり，1882（明治15）年に現在の場所に農商務省所管の博物館附属施設として開園しています。つまり，日本初の動物園も博物館として設置され，時代背景として人々への教育の役割も期待されていたものと思われます。また，我が国最初の水族館とされる「観魚室（うをのぞき）」も同園内の展示施設の一つとして同時期に公開されています。

(2) 博物館法制定に向けて

　前述のように，明治初期に博物館の教育機能が注目されながらも，その後，文部省の学校教育制度が充実していくに伴い，加えて財務的な事由等により，次第に博物館の社会教育としての期待は薄れ縮小されていったと評価されており，明治時代に内閣制度発足以降4度，内閣総理大臣を務めた「伊藤博文」のもつ教育観や教育政策の影響を色濃く受けていたと考えられています。この動きは，博物館が学校教育と袂を分かち一般大衆の展覧を一義とした施設運用へと舵を切られた出来事であったといえるでしょう。その後，1899（明治32）年に公布された図書館令に倣い，同時期に「博物館令」の制定が「動物園や植物園も加わって議論された」と，昭和初期になって一部の博物館識者の間で回顧した記録（その真偽の検証が後に議論されていますが）が残っています。さらに，1928（昭和3）年に日本博物館協会の前身である博物館事業促進会の設立当時の理事長に就いた石川千代松は，明治時代に東京帝室博物館天産部長兼動物園監督に任命されており動物園とかかわりをもった人材でした。また，同年の「博物館研究」の第1巻には動物園，植物園，水族館関係記事が14本掲載され，その後の号にも水族館特集が組まれるなど，同雑誌の編集発行人である棚橋源太郎は，動物園水族館に博物館的な存在意義を強く感じていたといえます。その後も，博物館令（法）の制定に向けて，1939（昭和14）年の第9回全国博物館大会後の翌年に文部省が主催した「博物館令制定ニ関スル協議会」の資料には「動物園，植物園，水族館も博物館の一種」として位置づけられ，「博物館法令制定に就いての具申」を文部大臣あてに行う決議が行われるなど，文部省は当時これらも含

めて「博物館令」を考えていたことがわかります[4]。

　一方，日本博物館協会は1941（昭和16）年に，協会理事と京阪神地区の動植物園，水族館の園館長と懇談を行い，「動植物園水族館を博物館令で律する」ことの可否等について協議しています。この際，「動植物園，水族館は厚生施設の一種」との考えに対して，「立派な社会教育機関，学芸研究施設」と双方向からの意見が出て紛糾したと記されています。当時から地方行政の中では，特に動物園は「市民局公園課」などが管理しており，教育行政は関知しない状況であったことから厚生施設，娯楽観覧施設として位置づけられることが多く，それが戦後も同様な認識や体制の中で連綿と維持管理されてきました[4]。この状況が，後述する日本動物園水族館協会（以降，日動水協と略す）が2013（平成25）年から全国展開した「いのちの博物館の実現に向けて―消えていいのか，日本の動物園水族館」シンポジウムにおいて，「動物園水族館は博物館法で扱われていない」という喧伝に発展した可能性もあります。しかし，ここまでの歴史を見るだけでも同法の不備が要因と解釈するには無理があります。

　話を戻し，当初の博物館令（法）の制定において，動物園水族館を含めるかは関係各所で議論は続きましたが，当時，博物館学研究の第一人者でもある棚橋源太郎と，東京都恩賜上野動物園の古賀忠道園長が，「水族館・動物園は，自然や生きている資料を扱う科学系博物館であり，これまでも，国民の教育や調査，研究に尽力しており，これからも博物館でなければならないし博物館法の中に入れるべきだ」と熱く説いたことも功を奏し，動物園水族館に対して，一般の博物館と同様に，調査，研究，展示，教育の博物館機能を見出す必要もあり，特に水族館についてはすでに1890（明治23）年の東京大学理学部附属三崎臨海実験所水族館の誕生を皮切りに，昭和初期までに，東北大学，京都大学，北海道大学，九州大学などに附属水族館が創設され，主に海洋生物に関する研究や教育の分野で大きく貢献してきた実績が大きいでしょう。

　そうしてようやく博物館法制定の実現にこぎ着けたのは，戦後復興期の教育行政において，連合軍総司令部（GHQ）やアメリカ教育使節団の存在が大きく関与し，教育基本法の下にある社会教育法の制定の中で包括的に取り扱われたと

され，その中で，図書館や博物館も市民に開放された施設として充実すべきと指摘されたものです。またそれ以前に，1947（昭和22）年に制定された教育基本法において，博物館が我が国法制上初めて教育施設として位置づけられ，1949（昭和24）年に制定された社会教育法の第9条に「博物館が社会教育のための機関」と規定され，これが博物館法立法の根拠になって1951（昭和26）年の博物館法誕生となりました。[5]

第2節　博物館法の定義および48基準と動物園水族館

　1951（昭和26）年に誕生した博物館法はすでに，「博物館の定義」（第二条）において「この法律において「博物館とは」，歴史，芸術，民俗，産業，自然科学等に関する資料を収集し，保管（育成を含む。以下同じ。）し，展示して教育的配慮の下に一般公衆の利用に供し，その教養，調査研究，レクリエーション等に資するために必要な事業を行い，あわせてこれらの資料に関する調査研究をすることを目的とする機関（後略）」とされ，資料の一つに「自然科学」を，さらに保管の役割に「育成を含む」と記述したことは，生きている動物や水族，生物を飼育（保管）展示する，動物園，水族館，植物園，昆虫館等を考慮したものといえます。

　昭和30年代から40年代にかけて，文化遺産を守り保存する機運が高まり，1967（昭和42）年が「明治百年」の記念の年と合致したことなどを背景に全国で多くの地方公共団体が博物館を建設しました。そこで，最初の博物館法制定以来，未整備であった博物館法第8条に定める「博物館の設置及び運営上望ましい基準」を，公立博物館を対象として1973（昭和48）年に，博物館の適正な設置基準「公立博物館の設置及び運営に関する基準」（俗にいう48基準）を告示しました。同基準においては，博物館の館種ごとに必要な施設及び設備の面積，博物館資料，展示方法，教育活動，職員等を定め基準を設けましたが，公立の動物園水族館にも，敷地や建物面積，水槽数や容量，生物種数などさまざまな数量が規定されており，この当時においても動物園水族館が博物館法の下にあっ

たことは自明です。この48基準については，1998（平成10）年の生涯学習審議会答申において「既に本基準の制定後四半世紀が過ぎ，博物館を取り巻く環境も大きく変化しています。自然史博物館，科学博物館，美術館，水族館，動物園等，博物館の種類が多いことに加え，現在の博物館に求められる機能は，単なる収蔵や展示にとどまらず，調査研究や教育普及活動，さらには，参加体験型活動の充実など多様化・高度化しています。こうした状況を踏まえると，博物館の種類を問わず現行のような定量的かつ詳細な基準を画一的に示すことは，現状に合致しない部分が現れています。このため，現在の博物館の望ましい基準を大綱化・弾力化の方向で見直しが必要」と報告されており，この答申の中にも「水族館，動物園」の文字を見つけることができます。さらに，2002（平成14）年の地方分権改革推進会議において，「定量的に示した公立博物館や公民館の設置及び運営に関する基準を，同年度中を目途に大綱化・弾力化を図り，国の関与の限定化と地域の自由度の向上に努める」とし，翌年の2003（平成15）年に基準改訂して48基準がすべての館種で数量廃止となりました。この動きは2008（平成20）年の博物館法の全面改正に向けての準備的な措置でしたが，これが意図するところは，これからの博物館には，学術資料の質や量，建築的な規模といったハードよりも，教育普及や市民参画，情報交流，ユニバーサルデザイン等のソフトの充実が重要というユーザーのための博物館を目指し，これを弾みに地方の小さな博物館の存在意義を高めるための大改革の英断であったと，2008（平成20）年の博物館法改正に携わった筆者としても高く評価しています。[6]

第3節　2008（平成20）年の博物館法改正と動物園水族館

(1)「これからの博物館の在り方に関する検討協力者会議」と動物園水族館

　2006（平成18）年の中川志郎が主査となった「これからの博物館の在り方に関する検討協力者会議」についても触れておかねばなりません。中川志郎は，1952（昭和27）年より上野動物園に獣医師として勤務。ロンドン動物学協会研修留学の後，同動物園飼育課長。1984（昭和59）年，東京都立多摩動物公園園長。

1987（昭和62）年，上野動物園園長。1994（平成6）年，茨城県自然博物館館長。2001（平成13）年，日本博物館協会会長，2005（平成17）年，茨城県自然博物館名誉館長という経歴の持ち主でした。2006（平成18）年から文部科学省の下で始まった博物館法改正は中川を主査として取り組まれており，また文部科学省は，前年の2005（平成17）年に，「これからの博物館の在り方に関する検討会」のキックオフ会議を開催しています。この会には筆者がマリンワールド海の中道勤務時代に委員として参加し，2007（平成19）年の成果報告を上梓するまでかかわっています。さらに，後述する文化庁の下での2022（令和4）年の博物館法改正にも博物館部会委員として委嘱を受けました。これら一連の人事は，博物館法を管轄する省庁が同法の改正に向けて，動物園水族館の存在に大きな期待と存在意義を感じていたからと言ってもいいでしょう。⁶⁾

(2)「新しい時代の博物館制度のあり方について」の報告書と動物園水族館

　2008（平成20）年に交付した博物館法改正には，もちろん，動物園水族館だけでなく，多くの館種においてこれからあるべき博物館像を描きながら進めてきました。しかしながら，関係する団体や自治体，大学なども多く調整に難航し，懸案でもあった博物館登録制度，学芸員養成課程や資格認定制度の見直しに課題を残したことは否めません。一方で，2007（平成19）年6月に報告した「新しい時代の博物館制度のあり方について」では，博物館登録制度を見直すことを盛り込んでいました。そこには，博物館法の新たな登録基準において，これまで施設規模や職員数などの外観的な観点を中心としていたものを，博物館の設置者の違いや施設の規模等に応じ，それぞれの館に相応しい使命や計画が設定され生涯学習施設としての実践活動の量や質の充実が必要としました。またこれまで，博物館相当施設の多くは登録博物館と同等以上の機能を果たしているとし，この2つを一本化した登録制度に改めることも検討しました。これまで相当施設に甘んじていた館（動物園水族館の多くは相当施設）にとっては極めて意義深い姿勢と歓迎でき，これらが後述する2022（令和4）年に公布された博物館法改正の博物館登録制度の改正につながったといえます。さらにこの報告書の

中には，動物園水族館の活動や内容に言及した部分を多く見つけることができます。例えば，博物館登録のメリットに「動物の譲渡等の手続きが容易になることが期待できる」と記述し，新しい登録基準の骨格では「動物園や水族館においては，生物資料として取り扱うことから，育成等他の博物館にない機能が必要なように，館種に配慮した特別な基準が必要」との配慮を示しました。さらにその基準の内容の一つに「希少動物の保護等の基準も加味することも有益である」とし，これ以外にも営利法人博物館に対して「動物園・水族館は営利法人が設置している例も多く，それらが環境教育・種の保存といった社会使命を担って活動している」と，活動の内容に着目して登録制度の対象に含めることを示唆しており，これらの検討課題はすべて2022（令和4）年の法改正に盛り込むことができたものと考えています。[7)]

第4節　2022（令和4）年の博物館法改正に向けて

(1) 文化庁の下での博物館法改正作業（博物館部会）始まる

　2009（平成21）年の博物館法改正から9年が経過した2018（平成30）年，我が国の教育文化行政は大きく動くことになりました。それは，博物館の管轄が文部科学省生涯学習局社会教育課から文化庁へ移管したことです。文化庁への機能移転については2014（平成26）年頃から，政府機関の地方移転が検討されている中での動きでしたが，これとは別にすでに観光立国推進基本法が2006（平成18）年に施行され，2008（平成20）年には国土交通省の下に観光庁が設置され，また政府は関係行政機関と綿密に連携し，観光立国実現に向けた施策を実施し，2013（平成25）年から「観光立国実現に向けたアクション・プログラム」を策定し，インバウンド政策や国際会議などを誘致するMICE事業もここで展開しました。これに呼応するように，後述の博物館法改正には，文化芸術の振興や集客，観光，収益向上の狙いも少なからず盛り込まれる形になりました。

　博物館管轄が文化庁へ移管するに伴い，2019（令和元）年5月に「地方分権一括法案」が施行交付されました。ここでは，これまで教育委員会が所管する博

物館，図書館，公民館などの公立，社会教育施設が，首長部局へと移管が可能
になりましたが，これも観光・地域振興分野やまちづくり分野を担う首長部局
で一体的に所管でき，かつ社会教育のさらなる振興，文化・観光振興や地域コ
ミュニティの持続的発展等に資することが狙いでした。そして同年9月，国際
博物館会議（ICOM）本会議が京都で開催され，その2か月後の11月に文化庁の
文化審議会の下に博物館の振興に関する調査審議をする「博物館部会」が設置
され，ここを中心に新たに博物館法改正の議論が始まりました。

　筆者は，2008（平成20）年の改正に続いて博物館部会として1期から3期委員
の委嘱を受けることになりました。委員会には14名の委員（1期）がいましたが，
布陣を見て動物園水族館関係者から唯一であったことから，この館種の代表で
あるという意識の下，博物館部会の中で自分に対し次の3つのミッションをか
かげました。

　① この館種が外されないよう，自ら出て行かず当事者意識を醸成したい。
　② 博物館活動に情報化とデジタル化を明記したい。
　③ 博物館の「設置者」とは誰かを確認したい。

(2)「当事者意識を醸成」の理由

　前述した3つのミッションの内，ここでは①について紹介します。本章，第
1節の(2)でも触れましたが，2013（平成25）年から2015（平成27）年の間に日
動水協は，東京，熊本，京都，広島，富山，宮城で開催した「いのちの博物館
の実現に向けて―消えていいのか，日本の動物園水族館」シンポジウムにおい
て，「現行の博物館法に動物園水族館の文字がないため，本法では動物園水族館
は守られていない」。このため，「別途に環境省の下で生物多様性，保全，動物
福祉などの概念がある“動物園水族館法”の制定の必要性がある」という趣旨
のロビー活動を展開しました。この主張は遡ると，2006（平成18）年から取り組
まれていた中川志郎が座長での博物館法改正時からすでに始まっており，当時
の関係者から「日動水協は博物館法から足抜けし環境省へ鞍替えを狙っている
では」と疑念されていました。一方で日動水協は，2012（平成24）年から2019

（令和元）年の総会の決議文の中に一貫して「いのちの博物館を目指す」と記載するなど，博物館の言葉を都合よく使い分ける二重規範も見せていました。しかし，前節までに紹介してきたように，これまで国の博物館制度は，動物園水族館関係者を抜いて取り組まれてきたわけではけっしてありません。このことがあって私は，2019（令和元）年からの文化庁博物館部会で，特に動物園水族館の存在を強く訴追し続けた訳です。②と③は別の機会に記述したいと思います。

(3) 博物館部会答申の概要と動物園水族館

　文部科学省も博物館行政の管轄が文化庁に移る際，日動水協に事前ヒヤリングをしており，また文化庁の博物館部会の進展に合わせても，その都度，状況説明や要望を聞くなどの配慮は欠かしませんでした。私も一委員の立場から，動物園水族館という館種における命のある資料の保存，保全，福祉などについての考え方の提言も続けました。この博物館部会の審議の結果，次のように動物園水族館という館種を勘案したとみられる答申資料が公開されています。

　2021（令和3）年9月21日の部会答申案を見ると，ICOM提唱の文化の結節点「8つのつなぐ」を示す中で，⑧自然と人をつなぐ（環境保護）と記し，博物館が自然保護の理解を促進し環境の保護に貢献すると説明しました。続いて，2021（令和3）年12月8日の部会での最終答申案資料の中で，博物館の使命に，①自然と人類に関する有形・無形の遺産等を保存（保護）し継承する。②資料に関する調査・研究を行いそれに基づき資料の価値を高める。③資料を通じて学びを促し文明や環境に関する理解を深める。と記載しています。これらは正に動物園水族館という館種の存在が大きいからこその記述です。教育については，「今後必要とされる機能の例」として，次の6つが列記されました。①交流・対話，市民による創造的活動の促進と支援，②持続可能な未来と平和についての対話，③学習する機会の提供，④地域の福祉（健康・幸福，生活の質）の向上への貢献，⑤社会的包摂，相互理解・多文化共生への寄与，⑥地域社会の活性化，これらはすべて今後の動物園水族館教育に欠かせない概念です。

　加えて12月8日の答申の「博物館に求められる役割と機能　5つの方向性」

の中では，特に①「守り，受け継ぐ」において，資料の保護・保存と文化の継承が示されました。それに対し筆者から，資料の保護・保存は，資料保全，資料尊重，資料尊厳，資料福祉，動物福祉と連想解釈したいと意見を述べています。この他，②「わかち合う」では資料の展示，情報の発信が，③「育む」では多世代への学びの提供など，展示と教育の機能も注視されました。

　審議を尽くした結果，2021（令和3）年12月20日に，博物館部会は文化審議会の第2回総会において，最終版の「博物館法制度の今後の在り方について（答申）」を文部科学大臣に手交しました。注目すべきは，この中に動物園水族館に配慮した記述が数多くみられることです。例えば下記などです。

　①館種ごとの特殊性に対応した専門家（例えば，動物園・水族館における獣医や飼育員），こうした幅広い業務に従事する人材を確保することも求められる。

　②動物園，水族館，植物園，プラネタリウム等については，博物館法の制定当時から博物館として位置づけられ，近年は自然と人が共生できる持続可能な社会の実現という観点からも，重要な役割が期待されている。これらの館種については，引き続き，博物館法の博物館における重要な一部である[8]。

　もはや動物園水族館が博物館法と無縁であるとはとうてい考えられません。

第5節　2022（令和4）年4月公布の新博物館法の肝

　2022（令和4）年4月15日，文化庁は，第208回国会において，博物館法の一部を改正する法律が成立し公布されたと発表しました。この法改正は，前年までの博物館部会答申を受けて作業されたものであり，十分にここでの議論が包含されていると解釈できます。今回の法改正の肝はいくつかありますが，大きく次の2点を文化庁も示しています。

　①博物館法の目的について，社会教育法に加えて文化芸術基本法の精神に基づくことを定める。

　②博物館の事業に博物館資料のデジタル・アーカイブ化を追加するとともに，他の博物館等と連携すること，及び地域の多様な主体との連携・協力によ

る文化観光その他の活動を図り地域の活力の向上に取り組むことを努力義
務とする。

博物館が変わらず社会教育法の中にあることは変わりませんが,「文化芸術基
本法」の記述は答申にもなくやや唐突感は否めません。しかし,本章の第4節
(1) で記載したように,国の政策には文化庁に管轄が移る前から観光立国の名
の下,観光で発展し地域に賑わいが創設される成長戦略の青写真が描かれてお
り,博物館行政に対しても既定路線であったのかもしれません。ただ,私ども
博物館は,社会教育機関であることが大前提であって,教育無しの博物館の発
展はありえません。その証拠に,今回改正される博物館法での博物館の定義「第
二条 この法律において「博物館」とは,歴史,芸術,民俗,産業,自然科学
等に関する資料を収集し,保管(育成を含む。以下同じ。)し,展示して教育的配
慮の下に一般公衆の利用に供し,その教養,調査研究,レクリエーション等に
資するために必要な事業を行い,併せてこれらの資料に関する調査研究をする
ことを目的とする機関」には一切,手が付けられていません。博物館法はある
意味,理念法,奨励法でもあります。私ども動物園水族館も今後もこの改正さ
れた博物館法に守られながら,一層発展していくことを願っています。

補足情報として,私の博物館部会へのミッションの ② デジタル化の推進につ
いては,上記の法改正の肝の ② で達成できたと解釈しています。[8]

第6節　博物館法に沿った動物園水族館教育の在り方と課題

改正された博物館法の第三条「博物館の事業」には,次のことも追加されま
した。博物館は第二条の第一項各号に掲げる事業の成果を活用するとともに,地
方公共団体,学校,社会教育施設その他の関係機関及び民間団体と相互に連携
を図りながら協力し,当該博物館が所在する地域における教育,学術及び文化
の振興,文化観光(有形又は無形の文化的所産その他の文化に関する資源(以下この
第二条の第一項において「文化資源」という。)の観覧,文化資源に関する体験活動そ
の他の活動を通じて文化についての理解を深めることを目的とする観光をいう。)その

他の活動の推進を図りもつて地域の活力の向上に寄与するよう努めるものとする。[8]

　上記の記述の中で，動物園水族館が収集，保存，育成，展示している「生きている資料」を「文化資源」と解釈していいかが悩ましいことでしょう。ただ，ここは「観光資源」と訳すのではなく，文化的所産，文化に関する資源であると位置づけることで，動物園水族館における学びも広く「文化教育資源」であると捉える柔軟な発想と寛容さが求められるのではと考えています。

注

1）鷹野光行（2011）『新編博物館概論』同成社，pp.108-113.
2）松本玲子（2014）「明治時代の東京国立博物館とこどもたち」『明和学園短期大学紀要』（24），73-82.
3）安田幸世（2019）「明治時代前期の文部省と教育博物館」明治大学『Museum study』（30），27-37.
4）瀧端真理子（2014）「日本の動物園・水族館は博物館でないのか」『追手門学院大学心理学部紀要』第8巻，33-51.
5）大堀哲（2006）「博物館法制定の背景」『生涯学習研究e事典』日本生涯教育学会
6）高田浩二（2020）「博物館としての動物園水族館の在り方」（日本学術振興会科学研究費助成事業成果報告書　基盤研究（C）18K01115），pp.49-57.
7）これからの博物館の在り方に関する検討協力者会議（2007）『新しい時代の博物館制度のあり方について』日本博物館協会
8）文化庁（2022）「博物館法の一部を改正する法律（令和4年法律第24号）新旧対照表」https://www.bunka.go.jp/seisaku/bijutsukan_hakubutsukan/shinko/kankei_horei/pdf/93697301_03.pdf（2023年1月5日最終閲覧）.

あとがき

　動物園，水族館は，生きた動物を飼育・研究し，一般に公開する施設です。前者は主に陸上の動物を，後者は主に水中の動物（水族）を扱うものとして，我が国で広く親しまれています。大航海時代に「世界」が飛躍的に拡大するにしたがって，膨大な資料が世界中から集められました。その中には，「動物」という「いのち」を扱うものもあり，それが動物園，水族館として発展してきました。当初，「見世物」的であった施設は，近代では教育・研究施設としての役割が強調されています。このような流れを受けて，本書では第1部において学校教育を中心とした動物園・水族館を活用した学びについて考察を行いました。主に理科，生活科，総合的な学習の時間を中心とした考え方と実践事例を紹介しています。

　しかし，この数年間にわたる新型コロナ禍で，動物園・水族館も，そして学校も大きな変化を余儀なくされました。動物園・水族館は，緊急事態宣言が繰り返され来場者・来館者が大幅に減少するなか，展示の工夫やオンラインの活用など，さまざまな新しい試みを行ってきています。学校も，教室の子どもたち，在宅の子どもたちともに学習が成立するように，教育課程の大幅な見直しを行いました。このようなポストコロナ社会における動物園・水族館教育について，第2部で考察を行いました。

　2022年4月，博物館法の改正が行われ，博物館資料のデジタル・アーカイブ化が追加されました。この流れは，当然動物園・水族館に波及してきます。しかし，動物園・水族館が扱う「いのち」は，本来アナログです。「アナログ」と「デジタル」をどのように融合し，どのように教育を行っていくのか，ポストコロナ時代の大きな課題だと考えられます。本書が，そのような課題解決に向けて，何かの役に立つことがあれば幸いです。

日置　光久

■ 協力動物園・水族館紹介 ■

動物園

盛岡市動物公園 ZOOMO

岩手県盛岡市新庄字下八木田 60-18
TEL 019-654-8266
HP https://zoomo.co.jp

○周囲を森林に囲まれた里山の中にある動物公園。開園以来，日本固有種の飼育展示や教育普及事業に力を入れています。また，林や草地，沢などの豊かな環境を活かして，園内に生息する身近な野生動植物を題材にした教育プログラムにも積極的に取り組んでいます。One World One Health を事業理念に掲げ，里山の再生や動物福祉，地域課題の解決をキーワードに，動物園としては国内初の公民連携事業で 2023 年 4 月にリニューアルオープン予定。

千葉市動物公園

千葉県千葉市若葉区源町 280
TEL 042-252-1111
HP https://www.city.chiba.jp/zoo/

○ 1985 年に開園。当園は「動植物とのふれあい」をテーマとし，「平原」「モンキー」「小動物」「鳥類・水系」の各ゾーン，「動物科学館」「ふれあい動物の里」からなります。さまざまな学校，研究・学術団体，企業との連携も含め，包括的な調査研究，教育普及活動を「アカデミア・アニマリウム」と称し，活動を推進しています。SDGs や ESD にも力を注いでいます。

日本モンキーセンター

愛知県犬山市犬山官林 26
TEL 0568-61-2327
HP https://www.j-monkey.jp/

○公益財団法人日本モンキーセンターが運営する，世界屈指のサル類動物園です。霊長類の飼育展示種数は，約 60 種 800 頭と世界最多‼ 霊長類の特徴を活かした展示やガイド＆イベント，キュレーターによる博物館活動など，一味ちがった動物園を楽しめます。エデュケーターが常駐し，博学連携や環境教育にも力を入れています。

大牟田市動物園

福岡県大牟田市昭和町 163
TEL 0944-56-4526
HP https://omutacityzoo.org

○「動物福祉を伝える動物園」というコンセプトのもと，動物たちの生活の質の向上に日々取り組み，その内容を各種 SNS を通じて発信しています。また，各種教育活動も積極的に行っています。園内で，オンラインで，当園のさまざまな活動をお楽しみください。　　　　SNS はこちらからどうぞ→

沖縄こどもの国

沖縄県沖縄市胡屋 5-7-1
TEL 098-933-4190
HP https://www.okzm.jp

○楽しみながら学べる！体験できる！沖縄こどもの国は南の島沖縄本島中部にある動物園とワンダーミュージアムの複合体験施設です。約 150 種類の動物を展示する動物園では，世界中でここにしかいない琉球弧の野生動物や在来家畜をはじめとして，日本や世界の野生動物に出会うことができます。チルドレンズミュージアムであるワンダーミュージアムでは，さまざまな常設展示にくわえて各種ワークショップも開催しています。

水族館

ふくしま海洋科学館 アクアマリンふくしま

福島県いわき市小名浜字辰巳町50
TEL 0246-73-2525
HP https://www.aquamarine.or.jp

○アクアマリンふくしまは，施設の名称に「環境水族館」を冠しています。全面ガラス構造でできた本館内には，太陽光が降り注ぎ，植物から水生・陸上生物を含め自然環境を再現しています。また，屋外には里山，里地，海岸の水辺を再現したビオトープがあり，五感をとおして生物の多様性を感じることができます。子どもたちの未来を開く水族館として「自然への扉を開き，一歩を踏み出す」ための動機づけの機会を提供しています。

新潟市水族館 マリンピア日本海

新潟県新潟市中央区西船見町5932-445
TEL 025-222-7500
HP https://www.marinepia.or.jp

○地域性の高いものからエキゾチックなものまで多様な分類群の水族約600種2万点を飼育・展示する日本海側有数の規模を誇る水族館。日本海の魚が泳ぐ日本海大水槽の下をくぐるマリントンネルでは海底散歩気分が味わえます。ダイナミックなジャンプが人気のイルカショー，ペンギン・トドの給餌解説など，楽しみながら学べるプログラムは毎日開催。屋外展示「にいがたフィールド」では，新潟の陸にある水辺を再現し四季の変化が楽しめます。

葛西臨海水族園

東京都江戸川区臨海町6-2-3
TEL 03-3869-5152
HP https://www.tokyo-zoo.net/zoo/kasai/

○東京湾に面した葛西臨海公園の中にあります。地上30.7メートルある大きなガラスドームがシンボルマーク。館内では2,200トンのドーナツ型の大水槽で群泳するクロマグロや，600種を超える世界の海の生き物，身近な東京湾の生き物と出会えます。水槽前でのスポットガイドやガイドツアーなども充実しており，情報資料室では常駐しているスタッフがみどころ案内や質問にお答えするほか，セルフガイドシートなども配布しています。

沖縄美ら海水族館

沖縄県国頭郡本部町字石川424
TEL 0980-48-3748
HP https://churaumi.okinawa

○沖縄美ら海水族館では，「沖縄の海との出会い」をテーマに，自然豊かな沖縄の海を再現しています。海岸のサンゴ礁から沖合，黒潮，さらに深海へと海中を旅する形で疑似体験をしていただき，南西諸島・黒潮の海の多種多様な生きものたちと出会うことができます。また，最新の研究成果のパネル展示やバックヤードツアー，企画展も開催するなど，何度訪れても新たな発見がある，海への興味がつきない水族館づくりを目指しています。

【編　者】

朝岡幸彦（あさおか ゆきひこ）

1959年生まれ。東京農工大学農学研究院教授。博士（教育学，北海道大学）。室蘭工業大学工学部助教授などを経て，現職。共生社会システム学会会長。『月刊社会教育』編集長，日本環境教育学会会長などを歴任。

主著：持続可能な社会のための環境教育シリーズ（筑波書房）監修（2007年〜現在），『知る・わかる・伝えるSDGs IV（教育・パートナーシップ・ポストコロナ）』（学文社，2022年），『めくってはっけん！ちきゅうエコずかん』（監修，ポプラ社，2022年），『こども環境学』（監修，新星出版社，2021年），『「学び」をとめない自治体の教育行政』（自治体研究社，2021年），『学校一斉休校は正しかったのか─検証・新型コロナと教育』（筑波書房，2021年）など。

【編集担当】

髙橋宏之（たかはし ひろゆき）

千葉市動物公園勤務。修士（教育学）。日本動物園水族館教育研究会（Zoo教研）会長，IZE（国際動物園教育者協会）北部ならびに東南アジア地域代表理事（2016年10月〜2021年9月），日本環境教育学会国際交流委員会委員／関東支部運営委員。動物飼育，動物介在教育に従事。

主著：「動物園でのSDGs」（阿部治・岩本泰編著『知る・わかる・伝えるSDGs Ⅲ』学文社，2022年），「大都市圏の動物園における環境教育・ESDの可能性─いのちと生物多様性を考える場として」（阿部治・朝岡幸彦監修，福井智紀・佐藤真久編著『大都市圏の環境教育・ESD』筑波書房，2017年），「子どもと動物とのコミュニケーション─動物園が取り組んでいる教育活動を中心に」（阿部治・朝岡幸彦監修，福井智紀・佐藤真久編著『学校環境教育論』筑波書房，2010年）など。

大和　淳（やまと あつし）

新潟市水族館マリンピア日本海副館長・学びのデザイン課課長。修士（異文化コミュニケーション学，立教大学）。飼育展示部門でペンギン・海獣・イルカ・海水魚・サンゴ・クラゲなどを担当，広報部門を経て，現職。学芸員，保育士，認定ワークショップデザイナー。

館外委員：日本動物園水族館協会（JAZA）教育普及委員会普及啓発部長，日本環境教育学会中部支部運営委員，日本動物園水族館教育研究会（Zoo教研）運営委員，『改訂版 新・飼育ハンドブック 水族館編』（JAZA，2020年）編集委員。

発表：東京大学大気海洋研究所共同利用研究集会第4回水族館シンポジウム（2011年）「水族館と環境コミュニケーション」，東京大学大気海洋研究所共同利用研究集会第9回水族館シンポジウム（2019年）「学びのデザイン室×SDGs×人材育成」など。

動物園と水族館の教育
　―SDGs・ポストコロナ社会における現在地―

2023年3月10日　第一版第一刷発行

編　者　朝　岡　幸　彦

発行者　田中　千津子

〒153-0064　東京都目黒区下目黒3-6-1
電話　03（3715）1501（代）
FAX　03（3715）2012
https://www.gakubunsha.com

発行所　株式会社 学文社

©ASAOKA Yukihiko 2023　　Printed in Japan　　印刷　新灯印刷㈱
乱丁・落丁の場合は本社でお取替えします。
定価はカバーに表示。

ISBN978-4-7620-3224-0